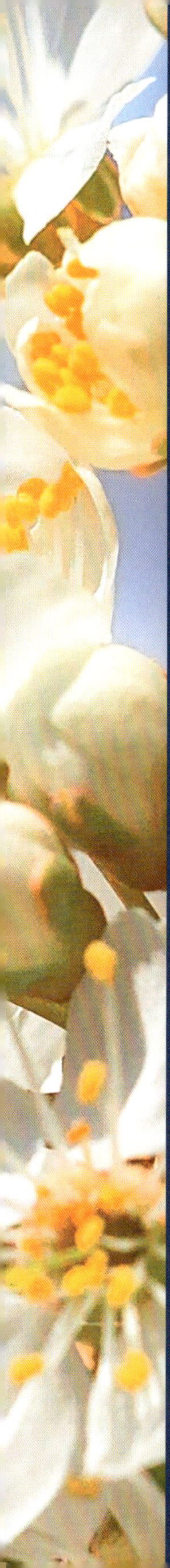

ulmer

Jürgen Tautz

# Auch Bienen haben Schweißfüße

## Verblüffendes aus der Welt der Honigbienen

# INHALT

# VORWORT

Honigbienen sind unglaublich. Seit jeher wecken sie durch ihre besondere Lebensweise als staatenbildende Insekten unser Interesse und unsere Bewunderung.

Die Honigbienen besetzen seit Jahrtausenden in Mythen, Geschichten und Religionen unter den Insekten eine eigene Liga. Diese Sonderrolle scheinen sie auch in der modernen Forschung einzunehmen. Ob mit Brandschutzwänden, Chorgesängen, Schlafverhalten, Vetternwirtschaft oder als Schädlingsbekämpfer, Honigbienen faszinieren, denn den Honigbienen traut man (fast) alles zu. Bienen können zählen, die Malstile von Künstlern identifizieren, voneinander lernen, planen, menschliche Gesichter erkennen, ja sogar Denken, Träumen und ein emotionales Innenleben stehen auf der ihnen zugesprochenen erstaunlichen Haben-Liste. Würden wir uns wundern, wenn ihnen eines Tages durch ein geschickt angelegtes Experiment sogar telepathische Fähigkeiten nachgewiesen würden?

Unzweifelhaft ist es höchst eindrucksvoll und verblüffend, was die moderne Bienenforschung über diese Tiere zu sagen hat. Wenn man aber dazu neigt, die Bienen zu überhöhen, ist es auch wichtig, sich klarzumachen, dass die Evolution nur hervorbringt und verankert, was den jeweiligen Organismen in deren Leben und Überleben Vorteile bringt. Und es kann durch die Wissenschaft nur aufgedeckt werden, wozu es einen soliden methodischen Zugang gibt. Die Honigbienen sind dafür gut geeignet.

So gehört es zum „Alltag" der Honigbienen, sich durch eine ausgeklügelte Kommunikation untereinander abzustimmen, für die Sammelbienen, sich im Gelände vom Nest weg und wieder nach Hause zu orientieren und sich durch ausgeprägte Lernfähigkeit die Blüten als optische und duftende Muster einzuprägen. Setzt der Experimentator als künstliche Futterquellen Gesichter und Kunstwerke ein, dann sind das die „Blüten" für die Bienen. Würde man sie auf asiatische Kalligrafiezeichen trainieren, könnte man ihre Leistung sogar als Chinesisch-Kenntnisse deuten, wollte man ihnen eine weitere Höchstleistung zuweisen.

Nicht nur die einzelne Biene, auch das gesamte Bienenvolk als sogenannter Superorganismus leistet höchst Erstaunliches. Man betrachte nur den Wabenbau oder die Nestklimatisierung.

Allein die Neugier, noch mehr verborgene Geheimnisse der Honigbienen aufzudecken, wäre ein mehr als ausreichender Grund, sich auch künftig intensiv mit dem Leben der Bienen zu befassen. Auch eine andere Seite im Leben der Bienen, ihre überragende ökologische Bedeutung als der Workaholic unter allen Bestäubern der Blütenpflanzen, wäre ebenfalls für sich genommen Anlass genug, den Honigbienen hochverdiente Aufmerksamkeit zu widmen.

Alle diese Gesichtspunkte zusammengenommen machen die Bienen nun tatsächlich so aufregend und bedeutend wie kaum ein anderes Insekt. Die hier vorgelegte Zusammenstellung kurzer Kapitel zu Leben, Eigenschaften und Fähigkeiten der Honigbienen soll diese Sicht belegen.

Jürgen Tautz

# SINNES-WAHRNEHMUNG & LERNVERMÖGEN

## VON DER KLUGHEIT DER HONIGBIENEN

# WIE KÖNNEN WIR WISSEN, WAS BIENEN „DENKEN“?

*Honigbienen scheinen durch Leistungen und Fähigkeiten, die uns Menschen auf das Höchste verblüffen, einer eigenen Liga anzugehören. Andere Insekten können da bei weitem nicht mithalten. Aber wie schaffen es Wissenschaftler, die „geistigen“ Leistungen der Honigbienen zu verstehen?*

Bienen besitzen einige verblüffende Fertigkeiten: Sie erbringen besonders sensible Wahrnehmungsleistungen in der Seh- und Riechwelt, können abstrakte Kategorien bilden und sich dadurch eine Vorstellung von Mengen bis zu vier Objekten machen (siehe S. 31). Zudem planen sie den genauen Tagesablauf einer Sammelbiene (S. 22) und sind in der Lage, unterschiedliche Mal-Stile bildender Künstler zu unterscheiden (S. 32).

Will man in Erfahrung bringen, über welche „geistigen“ Leistungen ein Tier verfügt, besteht der Trick darin, Situationen zu schaffen, in denen das Tier durch sein Verhalten eine Antwort auf unsere Fragen gibt. Eine klassische Versuchsanordnung besteht in einem Wahlexperiment: Hierbei muss sich das Tier für eine aus mehreren angebotenen Möglichkeiten entscheiden. Diese Entscheidung kann darin bestehen, dass sich das Tier zu einem bestimmten Gegenstand, Bild, Geruch o. ä., aus einer Reihe weiterer angebotener Ziele hinbewegt. Damit eine derartige „Befragung“ klappen kann, ist vorausgesetzt, dass der Versuchsleiter dem Ziel des Tieres eine Bedeutung gibt. Das wiederum funktioniert nur, wenn das Tier lernfähig ist, womit wir bei den Honigbienen angekommen sind.

https://webcode.ulmer.de/artikel.dll?WEBCODE=11054

Blick in den Kopf einer Honigbiene. Die **Mikro-Computertomografie** enthüllt ein etwa stecknadelkopfgroßes, hochkomplexes Gehirn, das aus rund einer Million Nervenzellen besteht und den Kopf fast komplett ausfüllt. Hier werden die Reize aus der Umwelt verarbeitet und hier entstehen die Verhaltensprogramme der Tiere.

## DIE ÜBERRAGENDE LERNFÄHIGKEIT VON HONIGBIENEN

Diese ist aus ihrer Biologie bestens zu verstehen. Eine junge Biene weiß zunächst nicht, wie Lavendel riecht. Beim ersten Besuch einer Lavendelblüte lernt sie, das Aussehen und den Duft der Blüte mit einem Sammelerfolg zu verknüpfen, indem sie eine Belohnung über den Nektar erhält. Die Biene trainiert sich gewissermaßen selbst.

Forscher nutzen die Lernfähigkeit der Biene, sich in einer schier unendlichen Vielfalt an Blütenpflanzen zurechtzufinden. Andere Insektenarten, die sich nicht derart trainieren lassen, verfügen vielleicht auch über Fähigkeiten, wie sie von den Honigbienen bekannt sind, dies kann durch diese Methode aber nicht herausgefunden werden.

Eine Sammelbiene lernt eine Belohnung dann zu finden, wenn sie durch die Öffnung fliegt, die mit den nach rechts unten weisenden Streifen markiert ist. Nun kann man die Neigung der beiden Streifenmuster sich immer mehr annähern lassen und so feststellen, wie gering die Unterschiede sein dürfen, um von der Biene noch erkannt zu werden, wann sie also beginnt, sich falsch zu entscheiden.

## EIN KLASSISCHER VERSUCHSANSATZ

Ein bestimmter Versuch mit Honigbienen kann folgendermaßen ablaufen: Freifliegenden Bienen werden optische Muster oder Bilder zur Auswahl angeboten und sie lernen, dass sie bei einem bestimmten Bild Zuckerwasser als Belohnung vorfinden. Wird dieses richtige Ziel nun in einer Reihe anders aussehender Ziele untergebracht, lässt sich testen, wie fehlerfrei die trainierte Biene die richtige Wahl trifft und wie ähnlich sich solche Bilder sein dürfen, um von der Biene noch unterschieden werden zu können. Dadurch lässt sich die Fähigkeit der Bienen ausloten, Farben und Muster zu erkennen. Ordnet man mehrere derartiger Entscheidungsschritte hintereinander an, lässt sich zeigen, dass Honigbienen auch in der Lage sind, einfache Regeln zu lernen und zu befolgen. Beispielsweise lernen sie, dass sie in ihrem Flug nach rechts abbiegen müssen, um an Futter zu kommen, nachdem sie eine kleine blaue Markierung gesehen haben, und nach links abbiegen müssen, nachdem sie eine gelbe Markierung gesehen haben. Entsprechende Experimente lassen sich auch mit Düften durchführen oder als Kombination von optischen und Duftreizen.

Der österreichische Zoologe und Nobelpreisträger Karl von Frisch war der erste Forscher, der vor über 100 Jahren diese Methode eingesetzt hat und so das Farbensehen der Bienen nachweisen konnte. Seitdem wird durch eine riesige Anzahl immer komplexerer und raffinierterer Versuchsansätze tiefer in das „Denken" der Honigbienen eingedrungen.

# TRADITION IM BIENENVOLK: BIENEN LERNEN VON BIENEN

*Das Lernvermögen der Honigbienen erstaunt, seit die Wissenschaft diese besondere Fähigkeit der Bienen erkannt und damit begonnen hat, deren Eigenschaften zu erforschen.*

Bienen lernen schon nach wenigen Ausflügen aus dem Bienenstock dessen Umgebung kennen, Bienen leisten bereits nach wenigen Dressurrunden in einem Experiment das Wiedererkennen von Farben und Formen. Bienen merken sich die Tageszeit, zu der es an einem bestimmten Ort Futter zu holen gibt (siehe auch S. 22). Bienen lernen bereits sogar nach nur einer einzigen positiven Erfahrung einen bestimmten Duft mit einer Belohnung durch Futter zu verbinden. Eine Erklärung für den Sinn dieser für ein Insekt höchst ungewöhnlichen Gehirnleistungen findet man in der Lebensweise der Bienen. So haben sie eine feste Adresse. Will man von kilometerweiten Ausflügen dorthin zurück, muss man einiges an Orientierungshilfen kennen. Bienen müssen, um blütenstet sammeln zu können, Tausende an Blüten unterscheiden können. Kommen sie dafür als „Tabula rasa", aber mit einer überragenden Lernfähigkeit auf die Welt, ist dies zu bewerkstelligen. Blüten unterschiedlicher Pflanzen liefern zu unterschiedlichen Tageszeiten Nektar. Können sich Bienen das merken, ermöglicht es ihnen, ihre Sammelflüge auch dahingehend zu optimieren.

Alle bisher aufgeführten Aspekte beschränken sich auf die Bienen als „Einzelkämpfer". Das sind sie aber nicht. Seit Anbeginn der staatenbildenden Bienen gab es keine einzige Biene, die sich außerhalb der Gemeinschaft entwickelt und allein gelebt hat. Diese beiden Punkte zusammengenommen, die außergewöhnlich hohe Lernfähigkeit und das ununterbrochene Zusammenleben mit den Mitgliedern der Kolonie, sollten ideale Voraussetzungen für die Weitergabe von Wissen zwischen den Bienen sein. So könnten Traditionen entstehen und aufrechterhalten werden.

## MARTIN LINDAUER UND SEIN VERBLÜFFENDES EXPERIMENT

Dazu hatte von mehr als 50 Jahren Professor Martin Lindauer eine genial angelegte Studie durchgeführt, deren damals verfolgter Fragenkomplex es erstaunlicherweise in den darauf folgenden Jahrzehnten nicht in den Kreis wichtiger Forschungsfragen geschafft hat. Ein aktuelles Forschungsprojekt an Hummeln (siehe S. 14) hat nun die Aufmerksamkeit bekommen, die bereits die alte Arbeit von Professor Lindauer ebenfalls hoch verdient gehabt hätte.

Zur alten Arbeit: Martin Lindauer trainierte ein Bienenvolk darauf, dass eine Futterstelle zur sehr ungewöhnlichen Tageszeit zwischen 5 und 6 Uhr am Vormittag geöffnet wurde. Die Sammelbienen dieses Volkes lernten rasch, die Bienen besuchten die Futterstelle nur im antrainierten Zeitfenster. In diesem Volk gab es, wie im Sommer üblich, ein Brutnest mit verdeckelten Puppenzellen. Lindauer kam auf den glänzenden Einfall, ein weiteres Bienenvolk auf einen anderen Futterplatzbesuch abzurichten, an dem es den ganzen Tag über etwas zu holen gab. Nun entnahm er dem ersten Volk verdeckelte Brut und bildete mit den frisch schlüpfenden Jungbienen ein neues Volk, dem nun den ganzen Tag Futter angeboten wurde.

Die spannende Frage: Wann sammeln die Jungbienen? Fliegen sie für ihre ersten Touren mit den Sammelbienen ihres neuen Volkes aus? Oder haben sie sogar als Puppen gelernt, zu welcher Tageszeit der Sammeleifer im Elternvolk hoch ist? Die Antwort: Diese Bienengruppe flog nicht mit ihren neuen Stockgenossinnen aus, sondern zum Zeitpunkt, an dem ihr Elternvolk aktiv war. Das Elternvolk, in dem sie als Puppen gelebt hatten, sammelte nur zwischen 5 und 6 Uhr, und genauso waren überraschenderweise die aus diesem Volk stammenden Sammelbienen auch im neuen Volk aktiv. Das gleiche Phänomen zeigte sich, wenn das Elternvolk auf ein Zeitfenster zwischen 20 und 21 Uhr trainiert war. Dann sammelten die Bienen, die dies als Puppen erlebt hatten, auch um diese späte Tageszeit.

Das ist Tradition im Bienenvolk, die Weitergabe von Wissen und Erfahrung.

## UND AUCH HUMMELN LERNEN VON HUMMELN

Das Imitieren von Verhalten bei staatenbildenden Insekten war nun nach einigen Jahrzehnten Durststrecke zu diesen Fragen auch Gegenstand eines Forschungsprojekts einer Gruppe von Wissenschaftler rund um Lars Chittka und Olli Loukola in London. Hummeln mussten lernen, an einem dünnen Bindfaden ein Schälchen mit Futter zu sich heranzuziehen, um das Zuckerwasser trinken zu können. Dabei wurde auch untersucht, wie rasch Hummeln diese Aufgabe lösen konnten, wenn sie vorher erfolgreich handelnden Hummeln zuschauen konnten. Es zeigte sich, dass vorheriges Beobachten der Handlung den Lernerfolg verbesserte.

Hummeln haben hier von Hummeln gelernt, ebenso wie in dem lange zurückliegenden Versuch von Herrn Lindauer Bienen von Bienen gelernt haben.

Eine Hummel „werkelt“ auf der Stelle und zieht so mit einem Schnürchen ein Scheibchen mit einem Tropfen Zuckerwasser zu sich heran. Dabei kommt ihr entgegen, dass das brachiale Hineinkämpfen mit allen Beinen und Mundwerkzeugen zu Nektar und Pollen in engen Blüten zu ihrem natürlichen Verhaltensrepertoire gehört.

# WANN SIND HONIGBIENEN FARBENBLIND?

*Honigbienen besitzen genau wie wir Menschen in ihren Augen drei unterschiedliche Arten farbempfindlicher Sehzellen. Jede dieser Sehzellen sieht eine bestimmte Lichtwellenlänge besonders gut. Bei uns Menschen sind das rot, grün und blau, bei den Honigbienen grün, blau und das für uns unsichtbare Ultraviolett. Die Bienen sind dabei für UV-Licht 10-mal so empfindlich wie für blau und grün.*

Man vermutet, dass das Farbensehen der Insekten sehr alt ist und bereits vor dem Auftreten farbiger Blüten vorhanden war. Die Pflanzenfarbe, die seit dem Erscheinen der Landpflanzen dominiert, ist das Grün. Der grüne Blattfarbstoff Chlorophyll (wörtlich: das Blattgrün) ist essenziell für den Vorgang der Fotosynthese, mit dem die Pflanzen aus Kohlendioxid und Wasser Sauerstoff und Zuckerverbindungen herstellen. Die Notwendigkeit, blaues und ultraviolettes Licht zu sehen, hängt mit der Orientierung zusammen, bei der sich Insekten nach dem Himmelslicht ausrichten.

Da die drei Sehzelltypen aber nicht nur eng abgegrenzt grün, blau und ultraviolett sehen können, sondern eine breite Farbpalette aus Mischfarben der drei Grundfarben, konnten sich die Blüten mit Farben ausstatten, die von den sehr spät in der Pflanzenevolution aufgetretenen Bestäuberinsekten gesehen werden. Das geht so weit, dass viele Blütenblätter Muster hervorbringen, die das ultraviolette Licht nutzen. Diese Muster können die Bienen sehen, wir aber nicht.

## BEI HOHEM TEMPO FARBENBLIND

Die bunte Pflanzenwelt bietet den Honigbienen enorm viele Reize, die in dem kleinen Bienengehirn verarbeitet werden müssen. Aber auch hier geht die Natur höchst sparsam mit ihren Möglichkeiten um. Es ist für eine Biene nur dann sinnvoll, die Farbe und die Form einer Blüte genau zu erkennen, wenn sie im langsamen Flug nach Blüten sucht, auf denen sie landen könnte. Fliegt eine Biene rasch über eine

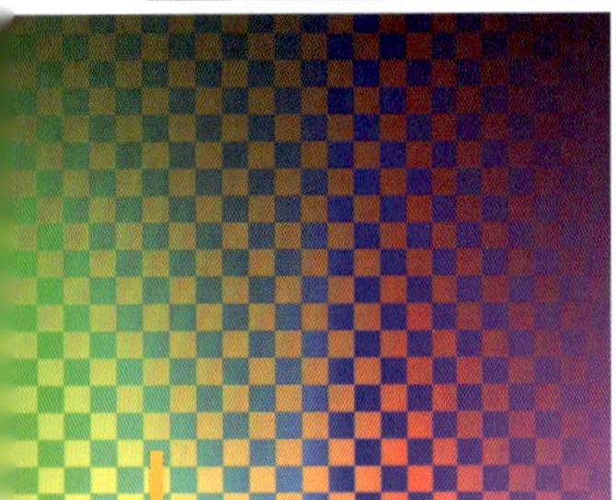

Landschaft, sollte der Sehsinn lediglich dazu dienen, sich zu orientieren und Hindernissen auszuweichen. In der Tat werden Honigbienen farbenblind, wenn sie rascher als etwa 5 km/h (in etwa die Fußgängergeschwindigkeit eines Menschen) fliegen. Maximal sind etwa 30 km/h möglich. Schnell fliegende Bienen sehen nur noch Grüntöne, sonst keine Farben mehr. Man könnte es sich bildlich so vorstellen, als würden wir Menschen die Welt nur noch in Schwarz und Weiß sehen.

Fliegen Bienen durch einen engen gemusterten Tunnel zu einer Futterstelle, geben sie eine subjektiv empfundene Flugdistanz in ihrem Rekrutierungstanz wieder. Wählt man für das optische Muster unterschiedliche Farbkombinationen, lässt sich austesten, welche Farben die Bienen unterscheiden können. Werden die Farben nicht mehr getrennt wahrgenommen, kann keine Entfernungsangabe im Tanz mehr erfolgen.

## WIE KÖNNEN WIR WISSEN, WELCHE FARBEN FLIEGENDE BIENEN SEHEN?

Das haben Lars Chittka und Jürgen Tautz bereits vor vielen Jahren wie folgt herausgefunden: Honigbienen bestimmen die Entfernung, die sie im Flug zurücklegen, durch den sogenannten optischen Fluss. Sie erfassen gewissermaßen die Bilder, die im Flug an ihnen vorbeiziehen. Diese Entfernungsmessung setzen die Bienen im Bienentanz in die Länge der Schwänzelstrecke um, mit der sie ihren Nachtänzerinnen eine ungefähre Entfernungsangabe zu einer Futterpflanze anzeigen. Diese Art der Entfernungsmessung kann man nun täuschen, indem man die Bienen durch einen Tunnel fliegen lässt, dessen Wände mit Mustern versehen sind. Die Biene fliegt im Tunnel nah an den Mustern entlang, bekommt so einen hohen optischen Fluss und gibt im Schwänzeltanz eine weite Flugentfernung wieder.

Das funktioniert wunderbar, wenn man ein reines Schwarz-Weiß-Muster nutzt. Nun kann man im Experiment die Farben des Musters beliebig verändern und auf diese Weise austesten, bei welcher Farbkombination die Biene nicht mehr in der Lage ist, im Tanz eine Entfernungsangabe zu machen, sie diese Farben also nicht mehr als Farben wahrnimmt.

Die Resultate dieser Versuche, zusammen mit Experimenten an Hummeln, die das nahezu identische Farbensehen besitzen, lassen den Schluss zu: Rasch fliegende Honigbienen sehen die Welt lediglich in Grüntönen, sie sind farbenblind.

# HONIGBIENEN SIND TAUB

*Zum fest etablierten „Wissen“ im Umgang mit Honigbienen gehörte es schon vor Jahrhunderten, Bienenschwärme durch starke Lärmerzeugung zum Landen zu bringen. Was ist aus heutiger Sicht davon zu halten? Was wissen wir über den Gehörsinn der Honigbienen?*

In der Sinnesbiologie versteht man unter „Hören“ die Wahrnehmung von Schallwellen durch Luft oder durch Wasser. Schallwellen sind Schwankungen des Druckes, die sich mit Schallgeschwindigkeit in alle Richtungen weg von einer Schallquelle ausbreiten. Um solche Schallwellen wahrnehmen zu können, haben viele Tiere Trommelfelle entwickelt, die wie die Membran eines Mikrofons durch den Schall in Schwingungen versetzt werden. Solche Trommelfelle sitzen bei den Wirbeltieren am Kopf. Bei den Insekten sitzen sie nie am Kopf, sondern, wie bei den Zikaden, am Hinterleib, oder bei den Grillen und Laubheuschrecken in den Vorderbeinen. Suchen wir bei Honigbienen nach Trommelfellen, werden wir keine finden. Sind sie also taub?

Bei Insekten gibt es noch ein anderes Prinzip an Hörorganen, die nicht auf die Schwankungen des Druckes in einer Schallwelle reagieren, sondern auf die feinsten Luftbewegungen, die überhaupt die Ursache für die Entstehung von Druckschwankungen sind. Das sind ganz feine, sehr leicht bewegliche Sinneshärchen, wie sie bei Schmetterlingsraupen vorkommen, oder sehr leicht bewegliche Fühler wie bei den Männchen der Stechmücken, die damit den Summton des weiblichen Flügelschlages wahrnehmen.

Finden wir solche hochempfindlichen Strukturen bei den Honigbienen? Bienen besitzen zwar Fühler und Sinneshaare, aber es muss schon recht ordentlich „wehen“, damit sie in Bewegung geraten und über angeschlossene Sinneszellen diesen Reiz melden.

## FUNKTIONIERENDES „TELEFONNETZ“ IM BIENENSTOCK – GANZ OHNE HÖRORGANE

Bei der Erforschung der Kommunikation bei Honigbienen finden wir in einem Bienennest eine hoch differenzierte akustische Welt. Am auffälligsten das Tüten und Quaken der Jungköniginnen. Wie kann eine solche Kommunikation funktionieren, wenn keine Hörorgane vorhanden sind?

Was wir Menschen als Luftschall wahrnehmen, überträgt sich als feinste Schwingungen auf den Untergrund, auf dem ein Insekt steht. So leiten die Blätter von Pflanzen derartige Signale ganz wunderbar. Im Bienenstock sind es die Waben, die das empfindliche „Telefonnetz" der Bienen bilden. Derartige Untergrundvibrationen reizen Sinneszellen in bestimmten Sinnesorganen, die bei allen Insekten am „Knie" aller sechs Beine sitzen. Auch die Honigbienen besitzen solche „Subgenual-Organe", sie „hören" über ihre Beine auf die Schwingungen im Untergrund, auf dem sie stehen.

Eine schlüpfende Jungkönigin. Die akustische Verständigung zwischen den Königinnen, das Tüten und das Quaken, findet über feinste Schwingungen statt, die sich über die Waben verbreiten.

## DOCH WIESO LANDETEN DIE SCHWÄRME BEI LÄRM?

Wie konnten die alten Imker über die Jahrhunderte glauben, man könne die tauben Bienen durch Lärm zum Landen bringen? Meine Überlegung dazu ist wie folgt: Ein Bienenschwarm, den man zu Fuß verfolgen und „beschallen" kann, ist bereits so langsam in seinem Flug, weil er sich eh auf die Landung vorbereitet. Da nun gleichzeitig Lärm gemacht wurde, erweckte es den Eindruck, der Lärm hätte die Landung der Bienen ausgelöst. Mit einem solchen Lärm, so könnte man meinen, haben die Menschen wohl eher ihre eigene Angst vor diesem eindrucksvollen Naturschauspiel vertrieben.

# BIENENWACHS ALS PERSONALAUSWEIS

*Alle Insekten besitzen ein Außenskelett, das aus einem „Verbundwerkstoff“ besteht, dessen chemischer Hauptbestandteil das Chitin ist. Chitin, chemisch gesehen ein Zucker, ist nicht wasserdicht, die Insekten würden rasch vertrocknen. Dem hat die Natur vorgebaut, indem als letzter äußerer Abschluss gegenüber der Außenwelt die komplette Oberfläche der Insekten von einer dünnen Lage Wachs bedeckt ist.*

Dieses wasserabweisende Wachs wird in winzigen Drüsen erzeugt, die weit verteilt über das Insekt liegen. Einige Insekten haben im Laufe ihrer Jahrmillionen langen Stammesgeschichte die Erfindung gemacht, solche Wachsdrüsen zusätzlich an wenigen Körperstellen so zu konzentrieren, dass relativ große Wachspartikel produziert werden können. Schildläuse stellen auf diese Weise Wachsfäden her, die ihnen zum Schutz und zur Tarnung dienen. Meister der Wachspartikel-Herstellung sind die Honigbienen, die den Großteil ihrer Wachsdrüsen in acht Feldern auf der Unterseite des Hinterleibs konzentriert haben. Dort werden die Wachsschuppen für den Wabenbau hergestellt.

## WACHS IST NICHT GLEICH WACHS

Auch die Honigbienen sind komplett von einer hauchdünnen Wachsschicht bedeckt. In deren chemischer Zusammensetzung finden wir die gleichen Bestandteile wie im Wabenwachs. Unterschiede gibt es lediglich in der mengenmäßigen Beteiligung der Bestandteile. Dabei handelt es sich vor allem um Kohlenwasserstoffe, deren Moleküle entweder kurze bis sehr lange Ketten bilden, in denen mehr als 50 Kohlenstoffatome hintereinander hängen. Oder die Moleküle bilden Ringe aus. Das Wachs der Honigbienen hat aus beiden Bestandteilgruppen mehr als 300 unterschiedliche Bausteine zu bieten.

Analysiert man die Zusammensetzung der Wachse für Waben unterschiedlichen Alters oder auch die Zusammensetzung der Körperoberflächenwachse bei Drohnen, Königinnen und Arbeiterinnen und betrachtet bei den Arbeiterinnen sogar einzelne unterschiedliche Schwesterlinien in einem Bienenvolk, zeigt sich: Wachs ist nicht gleich Wachs. Das Wabenwachs ist in seiner Zusammensetzung hoch variabel, es ändert sich durch Alterungsprozesse. Die kleinen Moleküle des Stoffgemisches verschwinden im Laufe der Zeit.

Noch deutlicher gilt „Wachs ist nicht gleich Wachs“ für die Körperoberflächen von Königin, Drohnen und Arbeiterinnen. Diese besitzen unterschiedlich zusammengesetzte Wachsoberflächen. Das gilt auch für Schwesterlinien, also solche Arbeiterinnen, die zwar von der gleichen Mutter, der Königin, abstammen, aber unterschiedliche Väter haben. Das bedeutet, dass auch das Erkennen von Verwandten über die Wachsoberfläche der Insekten abläuft.

## WO BIN ICH, UND WEN TREFFE ICH DA GERADE?

Eine Verhaltensweise, die typischerweise auftritt, wenn sich zwei Bienen begegnen, ist das sogenannte Antennieren. Mit ihren beiden Fühlern tasten sich die Bienen gegenseitig ab. Gerade im dunklen Stock gewinnen sie damit eine Vielzahl von Informationen zu ihrem Gegenüber. Jeder Fühler besitzt rund 20.000 Sinneszellen, die mit unterschiedlichen Strukturen auf den Antennen verbunden sind. Neben der Temperatur und der Luftfeuchte sind es vor allem Geruchs- und Geschmackssinneszellen, die den Großteil der Antennensinnesorgane ausmachen. Das Erkennen, welcher Biene man gerade begegnet, findet über den Fühlerkontakt statt.

Eine Frage, mit der auch wir uns schon vor vielen Jahren beschäftigt hatten, war: Welche der mehreren Hundert Komponenten des Bienenwachses sind für die Erkennung durch Honigbienen besonders wichtig?

Als Basis für das „Interview“, in dem wir Arbeitsbienen befragten, welche chemischen Bestandteile sie für die Wachserkennung nutzen, diente uns ein etabliertes Verfahren, in dem der Rüsselausstreckreflex der Bienen konditioniert wird. Dabei lernen die Bienen, dass sie mit Futter belohnt werden, wenn sie uns anzeigen, dass sie einen Unterschied zwischen zwei Proben erkannt haben. Als Proben wurden ihnen Teilgemische aus dem Wachs angeboten, die man durch spezielle

Arbeiterin bei der Vorbereitung zu einer „Befragung“, welche Wachse Bienen unterscheiden können und woran sie Unterschiede festmachen. Der Tropfen Zuckerwasser dient als Belohnung.

Trennverfahren gewinnen kann. Es zeigte sich, dass insbesondere solche Komponenten, die lediglich einen geringen Mengenanteil an der Wachszusammensetzung ausmachen (der Chemiker nennt diese Stoffe Hydroxyl-Alkyl-Ester, Säuren und primäre Alkohole und ordnet sie als polare Substanzen ein), von den Honigbienen als Grundlage zur Erkennung von Wachsen dienen. „Auf welcher Wabe bin ich gerade unterwegs?“ und „Welcher Nestgenossin begegne ich gerade?“ sind also Fragen, auf die Bienen im Wachs die Antworten finden.

# KÖNNEN HONIGBIENEN IHREN TAGESABLAUF PLANEN?

*In der Konkurrenz um Bestäuberinsekten haben Blütenpflanzen eine enorme Vielfalt an Formen, Farben und Düften hervorgebracht, die auf ihre Insektengäste möglichst verlockend wirken sollen. Bienen lernen extrem rasch, diese Merkmale zur Unterscheidung der Blüten zu nutzen.*

Trainierte Sammelbienen wissen, dass nur am Nachmittag senkrechte blaue Streifen den Eingang zur Belohnung markieren.

Zudem gibt es einen weiteren Aspekt, unter dem sich die Blüten im Wettlauf um die Bestäubung aus dem Wege gehen und der ebenfalls von den Bienen gelernt wird: Blüten unterschiedlicher Arten können sich zu unterschiedlichen, aber arteigenen Tageszeiten öffnen und schließen. Auch die Produktion von Nektar kann einem solchen Biorhythmus folgen. Dieses erstaunliche Phänomen hat der schwedische Naturforscher Carl von Linné bereits im 18. Jahrhundert derart gründlich untersucht, dass sich aus den über den Tag verteilten Öffnungszeiten verschiedener Blumenarten eine regelrechte Blumenuhr anlegen ließ. Eine für Gärten und Parks bis heute beliebte, lehrreiche und unterhaltsame Anwendung einer gründlichen Naturbeobachtung.

Für Bestäuberinsekten wie Honigbienen bedeutet dieses chronobiologische Phänomen, dass unterschiedliche Nektarquellen zu unterschiedlichen Zeiten zugänglich sind. Die Lage wird für die nahrungssuchenden Bienen zusätzlich dadurch komplexer, dass diese Blüten oft noch an unterschiedlichen Orten stehen.

## BIENEN HABEN EIN LANGZEITGEDÄCHTNIS

Sind Bienen in der Lage zu erlernen, welche Blumen wann und wo erfolgreich besucht werden können, um ihren Tagesablauf optimal einzurichten, ja regelrecht zu planen? Eine Forschergruppe um den Bienenforscher Prof. Shaowu Zhang publizierte in den Jahren 2006 und 2007 die Ergebnisse von Untersuchungen, in denen diese Fähigkeit der Bienen nachgewiesen werden konnte:

Frei fliegende Bienen wurden daraufhin trainiert, dass sie mit einem Tropfen Zuckerwasser belohnt wurden, wenn sie in einem y-artig angelegten Gangsystem aus zwei Alternativen die richtige der angebotenen optischen Muster auswählten (Abb. unten). Das ging sogar so weit, dass die Bienen lernten, ein und dasselbe Bild am Vormittag als richtig und am Nachmittag als falsch anzusprechen und entsprechend am Vormittag bevorzugten und am Nachmittag „links liegen" ließen (Abb. S. 22).

Eine Erinnerung daran, in welchem Zusammenhang (hier: Tageszeit der Belohnung und Ort der Belohnung) eine bestimmte Handlung (hier: Nektar sammeln) auszuführen ist, ordnet man in der Lernpsychologie unter der Bezeichnung „episodisches Gedächtnis" als eine Form des Langzeit-Gedächtnisses ein. Die hier vorgestellte Leistung der Honigbienen weist entscheidende Merkmale eines solchen episodischen Gedächtnisses auf. Wir haben sie mit dem sperrigen Begriff „circadianes episodisch-ähnliches Gedächtnis" belegt.

Den Bienen wird es egal sein, wie wir Menschen diese Fähigkeit einordnen. Sie ermöglicht ihnen, in einer hochkomplexen Blumenwelt bestens zurecht zu kommen.

Prinzip des Versuchsaufbaus zum Austesten von Lern- und Entscheidungsleistungen der Bienen. Vor dem Einflug in eine Entscheidungskammer sieht die Biene ein Muster. Sie lernt, dass dieses Muster aus den weiteren, die sie zu sehen bekommt, ausgewählt werden muss, wenn sie belohnt werden möchte. So lässt sich testen, welche Muster und Farben die Bienen sogar unterschiedlichen Tageszeiten zuordnen können, als Modell für die unterschiedlichen Blütenöffnungszeiten im Freiland.

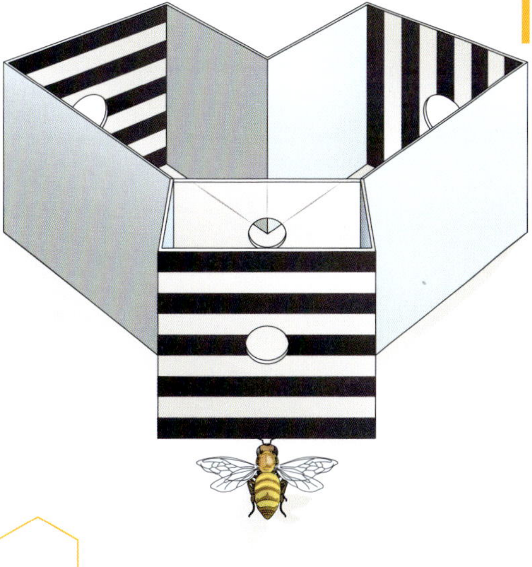

# OHNE LOT UND WASSERWAAGE: WIE HONIGBIENEN IHRE KÖRPERLAGE FESTSTELLEN

*Wie wissen Bienen im dunklen Stock, wo oben und wo unten ist? Wieso sollten sie das überhaupt wissen? Offenkundig wird das beim Wabenbau, wo die Waben der Schwerkraft folgend senkrecht nach unten gebaut werden. Und es wird klar beim Schwänzeltanz, in dem die tanzenden Bienen den Nachtänzerinnen erste Hinweise auf die Lage einer Futterstelle geben und dabei die Lotrechte als Bezugsgröße einsetzen.*

Eine auch in völliger Dunkelheit zuverlässige Orientierungshilfe ist die Schwerkraft. Viele Tiergruppen, und auch wir Menschen, besitzen im Körperinneren liegende Sinnesorgane, mit denen die Richtung der Schwerkraft bestimmt wird. Bei den Honigbienen ist dieses Sinnesorgan der gesamte Körper. Der Kopf ist gegenüber dem Brustabschnitt (Thorax) beweglich, ebenso der Hinterleib (Abdomen) gegenüber der Brust. In diesen Regionen sitzen winzige Felder von Sinnesborsten, die an Miniatur-Zahnbürsten erinnern. Werden nun der Kopf oder der Hinterleib bewegt, drückt das auf diese Sinnesborsten, deren Sinneszellen dem Gehirn melden, wie stark die Abweichung von einer gestreckten Körperhaltung ist. Ähnliches gilt für alle Gelenke an den Beinsegmenten.

## DER HINTERLEIB ALS PASSIVES PENDEL

Wir haben in der BEEgroup an der Universität Würzburg die Körperausrichtung von nahezu 600 Bienen vermessen, die sich ungestört auf der senkrechten Wabe bewegten. Dazu haben wir Fotos von Bienen im Stock während unterschiedlicher Tageszeiten aufgenommen, um dann anhand der Bilder genaue Messungen der Ablenkwinkel der drei großen Körperabschnitte gegeneinander vorzunehmen. Dabei hat sich gezeigt, dass ruhende Bienen bevorzugt mit dem Kopf nach oben sitzen, jede andere Ausrichtung des Körpers aber ebenfalls vorkommt. Der Hinterleib weist in seiner Ausrichtung eine klare Beziehung zur Schwerkraftrichtung auf. Bei völlig entspannter Muskulatur folgt die Auslenkung Abdomen-Thorax dabei einer reinen Pendelbewegung. Die Sinnesborsten, die auf den Hinterleib drücken, können also die Schwerkraftrichtung bestimmen.

## DER KOPF HILFT BEIM FLIEGEN

Ganz anders die Sinnesborstenfelder, die bei Kopfbewegungen gereizt werden und für die man zunächst ebenfalls eine Rolle bei der Bestimmung der Schwerkraftrichtung vermutet hatte. Für die Haltung des Kopfes im Schwerefeld war keine Beziehung zur Schwerkraftrichtung feststellbar, der Kopf wirkt also nicht als passives Pendel zur Bestimmung der Schwererichtung. Die entsprechenden Sinnesborstenfelder reagieren in erster Linie auf eine Drehung des Kopfes um seine Längsachse und nicht auf eine Abbiegung gegenüber dem Thorax.

Trotzdem sind diese Sinnesborsten extrem wichtige Orientierungshilfen, aber nicht im dunklen Bienenstock, sondern im freien Flug der Bienen. Betrachtet man Zeitlupenaufnahmen fliegender Bienen, so fällt auf, dass der Kopf nahezu die ganze Zeit waagrecht gehalten wird. Der Thorax und das Abdomen drehen und pendeln in alle möglichen Richtungen, der Kopf bleibt gerade. Dies erreicht die Biene, indem sie dafür ihre drei Punktaugen einsetzt, die den Horizont im Blick behalten, und eben die genannten Borstenfelder, die die Biene darüber informieren, wie sich die hinteren Körperabschnitte im Schwerefeld bewegen.

Auf der Wabe ruhende Bienen sitzen bevorzugt mit dem Kopf nach oben, jede andere Ausrichtung des Körpers kann aber ebenfalls vorkommen. Sind die Bienen entspannt, wirkt der Hinterleib als passives Pendel, das angibt, in welcher Richtung die Schwerkraft wirkt und wie die Biene auf der Wabe ausgerichtet ist.

# DIE VERRÄTERISCHEN „SCHWEISSFÜSSE" DER BIENEN

*Erst vor wenigen Jahren haben Forscher der englischen Universität Bristol eine Arbeit publiziert (R. Pearce, L. Giuggioli & S. Rands, 2017), die auch von nichtwissenschaftlichen Medien mit hohem Interesse aufgenommen worden ist: Hummeln markieren mit Drüsen in ihren Füßen Blüten, die sie besucht haben.*

Diese chemischen Fußabdrücke verraten nachfolgenden Hummeln, dass diese Blüten bereits besucht worden sind, sich also eine Mühe um Nektar hier nicht lohnt. Mehr noch, die Hummeln können feststellen, ob diese chemischen Markierungen ihre eigenen sind, von einem genetisch verwandten Individuum stammen, oder ob sie ein Fremder hinterlassen hat.

So aufregend diese Entdeckungen an den Hummeln sind, so alt sind vergleichbare Arbeiten an Honigbienen. Bereits im Jahre 1906 hat der US-amerikanische Bienenforscher Ludwig Arnhart in allen sechs Füßen der Honigbienen Drüsen nachweisen können.

In klug angelegten Experimenten konnten die beiden argentinischen Bienenforscher Josué A. Núñez und Martin Giurfa in den Jahren 1967 und – vertieft – 1992 zeigen, dass für die Honigbienen exakt das Gleiche gilt wie für die Hummeln: Besuchte Blüten werden markiert und von nachfolgenden Bienen nicht besucht. Die chemischen Fußabdrücke „verduften" mit der Zeit, so dass die Anzeige „Hier ist nichts zu holen" nur für relativ kurze Zeit bemerkt wird.

## PERFEKT ABGESTIMMT

Es ist eine der vielen wunderbaren Abstimmungen zwischen den Blütenpflanzen und deren Bestäuberinsekten, dass die Geschwindigkeit, mit der das chemische „Stopp-Schild" verblasst, gut Schritt hält mit der Nachbildung von Nektar in der markierten Blüte. Ist der Nektarvorrat wieder aufgefüllt, ist der Hinweis auf erfolgte Ausbeutung verblasst.

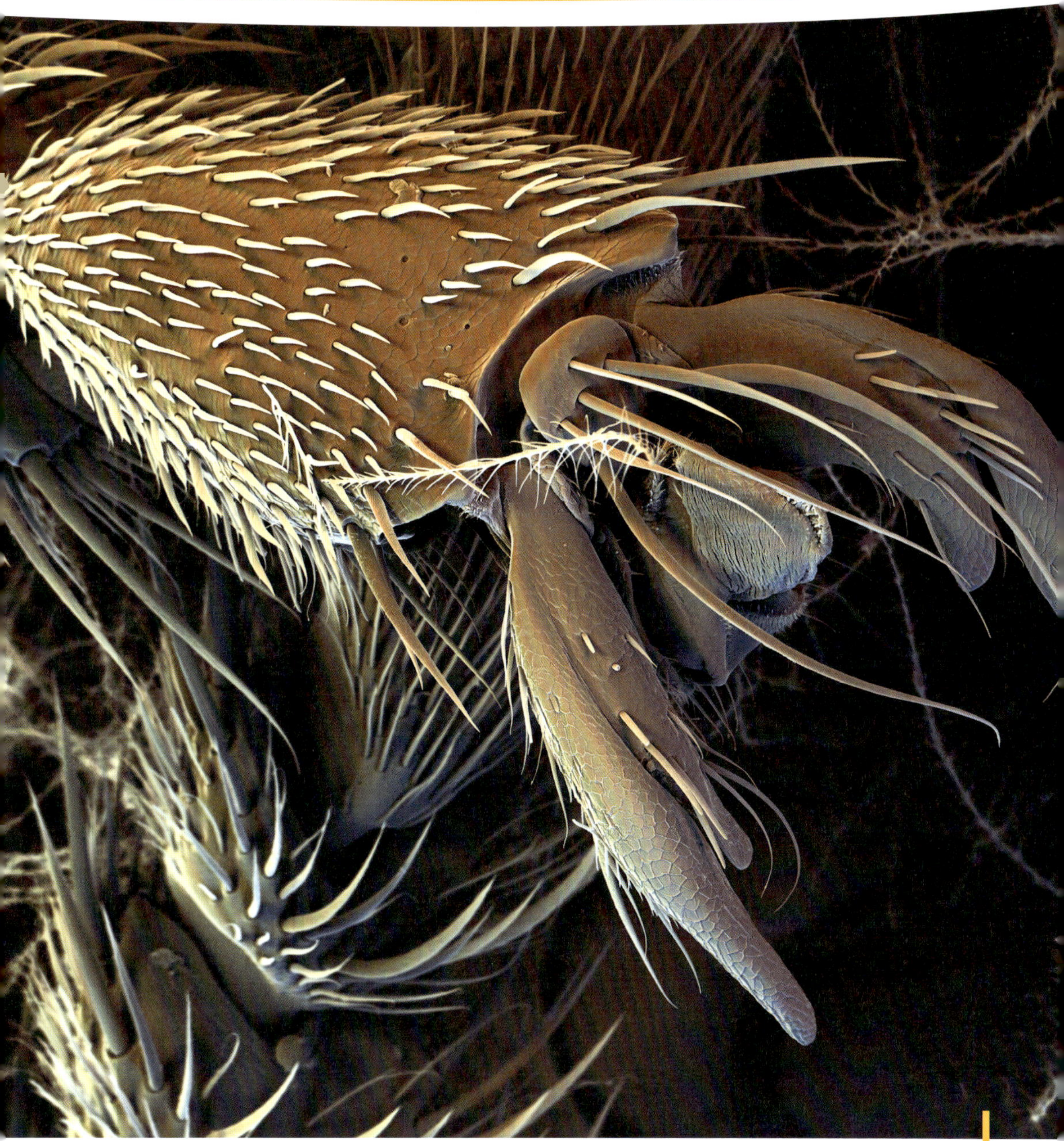

Rasterelektronen-
mikroskopische Aufnahme
eines Bienenfußes. Die Öff-
nung der Arnhart-Drüse liegt
auf dem blasigen „Kissen“
zwischen den beiden Klauen.

# FÜHLEN HONIGBIENEN SCHMERZEN?

*Es ist kaum vermeidbar, dass bei der Arbeit an Bienenbeuten hin und wieder einzelne Bienen beim Aufsetzen von Zargen zwischen den Kästen eingequetscht werden. Nicht selten führt das den Imker, den solche Unglücke betroffen machen, zu der Frage „Fühlen die Bienen Schmerzen?"*

Wie können wir wissen, ob Bienen Schmerzen empfinden? Können wir diese Frage überhaupt beantworten? Ein klassischer Standpunkt ging davon aus, dass Insekten generell kein Schmerzempfinden besitzen, da beobachtet werden konnte, dass sie sich nach einer Verletzung normal weiterverhalten. Dazu gibt es einen berühmten Versuch, den man sicherlich besonders dann ohne besondere Skrupel durchführt, wenn man von vornherein davon überzeugt ist, dass Bienen keinerlei Schmerzen wahrnehmen. Der Versuch geht wie folgt: Eine Honigbiene sitzt an einem Tropfen Zuckerwasser und trinkt. Während sie trinkt, durchschneidet man ihren Körper, indem man den Hinterleib

Honigbienen-Arbeiterin.

vom Brustabschnitt abtrennt. Der Hinterleib fällt herunter, die Biene bleibt stehen und trinkt weiter. Das Zuckerwasser tropft nun aus dem offenen Darm.

## KRITERIEN FÜR DAS VORLIEGEN EINER SCHMERZWAHRNEHMUNG

Selbstverständlich können wir nicht fühlen wie eine Biene, aber es lassen sich Kriterien zusammenstellen, über die wir von „höheren" Tieren, wie Vögeln und Säugetieren und vor allem von uns selbst, mit guten Gründen annehmen, dass sie mit Schmerzempfinden verbunden sind:

- Der Besitz spezieller Sinneszellen (Nozizeptoren), über die Schmerzen aufgenommen werden.
- Gehirnregionen, in denen unterschiedliche Sinneswahrnehmungen zusammengeführt werden.
- Nervenbahnen, über die Schmerzempfinden in integrierende Zentren im Gehirn weitergeleitet werden.
- Die Wirksamkeit von Anästhetika, die entweder vom Organismus selbst hergestellt oder als schmerzstillende Mittel von außen zugeführt werden.
- Die Möglichkeit flexibel zu entscheiden, ob man für einen Vorteil einen Schmerz aushalten mag oder nicht.
- Die Möglichkeit zum Selbstschutz, z. B. durch Lecken oder Kratzen betroffener Körperteile.
- Die Möglichkeit zum assoziativen Lernen, indem ein Organismus lernt, dass nach einem zunächst neutralen Reiz ein Schmerzreiz auftritt. Als Resultat weicht der Organismus nach dem Lernvorgang bereits auf den ursprünglich neutralen Reiz hin aus.
- Der Organismus kann lernen, wo er auf Anästhetika trifft, die seinen Schmerz lindern.

Da es nicht zu erwarten ist, dass bei Insekten entweder alle oder gar keines der Kriterien gefunden wird, haben Birch und Mitarbeiter (2021) ein Schema erarbeitet, das es erlaubt, anhand des Auftretens einzelner dieser Kriterien ein Schmerzempfinden mehr oder weniger wahrscheinlich zu machen. Danach ist es in der Tat so, dass für Insekten eine Schmerzempfindung angenommen werden kann.

Für unterschiedliche Insektenordnungen führen solche Untersuchungen zu unterschiedlichen Resultaten. Ganz oben in der angenommenen Schmerzempfindlichkeit stehen dabei Schaben und Fliegen mit sechs zutreffenden Kriterien auf der Liste. Für Käfer können lediglich zwei Kriterien dingfest gemacht werden. Hautflügler, zu denen auch die Honigbienen zählen, erfüllen lediglich ein Kriterium.

## WELCHES FAZIT LÄSST SICH ZIEHEN?

In einem sehr umfassenden Übersichtsbeitrag diskutieren Gibbons und Mitautoren (2022), was das alles tatsächlich bedeutet, und sie kommen zu der vorsichtigen Schlussfolgerung, dass für Insektenordnungen, die etliche der Kriterien erfüllen, ein Schmerzempfinden angenommen werden kann. Dass wir aber andererseits zur Schmerzwahrnehmung bei Insektenordnungen, die nur ein oder zwei Kriterien erfüllen, wie den Käfern oder Hautflüglern, im Grund derzeit keine Aussage machen können, da unsere Kriterienliste vielleicht noch sehr lückenhaft ist. Diese Untersuchung stellt also nicht fest, dass Honigbienen kein Schmerzempfinden besitzen. Aber eben auch nicht, dass diese Wahrnehmungsfähigkeit vorhanden ist.

Was immer auch weitere Forschungen auf diesem Gebiet ergeben werden, sollte es eine Selbstverständlichkeit sein, auch Insekten als unseren Mitgeschöpfen mit Respekt zu begegnen. Bei Imkern rennt man mit diesem Wunsch offene Türen ein. Die hohe Sympathie und die Sorgfalt im Umgang, die sie ihren Bienen entgegenbringen, machen die Frage nach „Schmerzempfinden oder nicht?“ bedeutungslos.

# VOM „DENKEN" DER HONIGBIENEN

*Können Honigbienen „zählen"? Können Honigbienen den Malstil eines Bildes dem richtigen Künstler zuordnen? Ja, Honigbienen können dies – und noch vieles mehr.*

Woher wissen wir das? Wie können wir erfahren, was Bienen „denken"? Der Blick hinter die Stirne der Honigbienen auf die „Denk"-Leistungen des stecknadelkopf-kleinen Gehirns wird ermöglicht durch deren überragende Lernfähigkeit. Die hat ihnen die Natur mitgegeben, um sich im eigenen Staat und in der komplexen Welt außerhalb ihres Nestes zurechtzufinden. Das macht sich der Bienenforscher zunutze. In sogenannten Wahl-Versuchen müssen sich frei fliegende Bienen zwischen unterschiedlichen Alternativen entscheiden, indem sie eine davon anfliegen. Welche Wahl die richtige ist, gibt der Versuchsleiter vor. Die Bienen erfahren es, indem sie testweise alle gebotenen Möglichkeiten anfliegen. Bei der Alternative, auf die sie dressiert werden, finden sie eine süße Belohnung in Form eines Tropfens Zuckerwasser. Auf diese Weise sitzt eine Lektion unter Umständen schon nach wenigen Durchgängen.

Diese Honigbiene hat gelernt, dass hinter einer Tafel, auf der drei Objekte abgebildet sind, eine Belohnung wartet, weshalb sie die Tafel mit vier Objekten „rechts liegen" lässt.

## MENGENLEHRE? KEIN PROBLEM

Auf diese Weise konnten an der Universität Würzburg Hans Jochen Gross und Kollegen zeigen, dass Bienen in der Lage sind, die Menge von Gegenständen bis zu Anzahl vier recht sicher ansprechen zu können (Gross et al., 2009). Unter einer Menge versteht man in der Mathematik (Mengenlehre) eine abstrakte Größe, losgelöst von den konkreten Objekten, die diese Menge bilden. Es erstaunt sehr, eine derartige Abstraktionsleistung, das richtige Abschätzen des Umfangs kleiner Mengen, bereits bei diesen kleinen Insekten zu finden. Aber es geht noch weiter.

## SUMMENDE KUNSTKENNER

Gut informierte kunstinteressierte Zeitgenossen können Gemälde, die sie noch nie vorher gesehen haben, anhand des Malstils dem Schöpfer des Bildes zuordnen. Ein australisch-brasilianisches Forscherteam um die Biologin Judith Reinhard kam auf die Idee, Honigbienen daraufhin zu untersuchen, ob sie zu ähnlichen Leistungen fähig sind. Was zunächst weit hergeholt erscheinen mag, hat zu höchst verblüffenden Ergebnissen geführt. Bienen wurden auf die bereits geschilderte Weise beigebracht, dass sie belohnt werden, wenn sie sich zwischen impressionistischen Bildern von Monet und kubistischen Bildern von Picasso für das richtige Gemälde entscheiden. Als diese Lektion saß, bekamen die „kunsterfahrenen" Honigbienen Gemälde dieser beiden Künstler vorgesetzt, die sie bisher noch nicht kannten. Eine richtige Entscheidung wäre nur möglich gewesen, wenn der Mal-Stil der beiden Künstler erkannt und als Grundlage für die Wahl genutzt worden wäre. Es zeigte sich, dass die Bienen in der Lage waren, die Mal-Stile zu klassifizieren und so auch ihnen unbekannte Gemälde richtig zuzuordnen. Dies zwar nicht mit einer Sicherheit, die sie zu Kandidaten für einen TV-Quiz gemacht hätten, aber doch häufiger, als nach einfachen Raten zu erwarten wäre.

Der ausgezeichnete Sehsinn der Bienen erlaubt es ihnen ganz offenbar, visuell erfassbare Eigenschaften aus komplexen Strukturen zu extrahieren und zu kategorisieren, selbst wenn es sich um nicht-natürliche Umgebungen (natürlich wären z. B. Blumenwiesen) handelt, wie im Fall der Werke berühmter Maler. Aber auch dies sind lediglich optische Muster für die Bienen, deren Besuch eine Belohnung verspricht.

# DUFTENDE HINWEISE: GERANIOL MARKIERT, WO'S LANGGEHT

*Honigbienen leben in einer Welt der Düfte. Vor allem für die kleinen Bestäuber, allen voran die Honigbienen, haben sich die Blütenpflanzen im Laufe der Evolution die Bouquets zugelegt, die wir Menschen als so attraktiv empfinden.*

Die Bedeutung des Geruchssinnes für die Bienen lässt sich an den Insekten ganz direkt ablesen: Ihre Fühler sind vollgestopft mit Zehntausenden Geruchs-Sinneszellen, die höchst empfindlich auf Düfte ansprechen. Schaut man den Bienen ins Gehirn, ist es der Geruchssinn, der dort am komplexesten und voluminösesten abgebildet ist. Es darf also nicht überraschen, dass eine solche Sinnes-Maschinerie auch für die Kommunikation unter den Bienen eingesetzt wird. In der Tat werden zur Orientierung und Kommunikation innerhalb und außerhalb des Stockes Duftstoffe benutzt. Methodisch schwierig ist das Erfassen von Duftstoffen in deren zeitlich-räumlicher Dynamik vor allem im Freiland, weshalb wir auf diesem Gebiet auch erst ganz am Anfang stehen.

## DIE HILFREICHE ANZIEHUNGSKRAFT VON GERANIOL

Ein Duft, dem im Freiland eine hohe Bedeutung zur Orientierung zukommt, ist das Geraniol. Es wird in einer Drüse am Ende des Hinterleibs der Bienen, der sogenannten Nasanov-Drüse, gebildet. Damit weisen Bienen, die diese Drüse im Stand öffnen und dabei mit den Flügeln einen Luftstrom erzeugen, heimkehrenden Nestgenossinnen den Weg zum Eingang des Stockes. An neuen Nistplätzen und an Futterplätzen führen Bienen Brauseflüge auf, für uns Menschen hörbar, aber für ihre Nestgenossinnen Geraniol verbreitend. Erstaunlicherweise gibt es bisher keine einzige Studie über die Empfindlichkeit der Bienen für dieses in deren Kommunikation überragend bedeutende Pheromon.

Ein Experiment zeigte, dass die Duftspur des Geraniols derart anziehend auf die Bienen wirkt, dass sie sogar durch eine dünne

Erfahrene Bienen locken und leiten Sammelbienen, die ein Ziel – hier eine Goldraute – noch nicht kennen.

Angelschnur, deren Ende in Geraniol getaucht wurde, während ihres Fluges abgelenkt und geleitet werden können. Das ist sehr hilfreich für die Bienen, auch wenn sie vom Tanz im Stock schon grob über eine Ziel-Region informiert wurden, da sie sich ohne Anschlussreize verirren würden. Derartige sehr einfache Experimente helfen zu verstehen, was dahinterstecken kann, wenn rekrutierte Bienen aus ungezielten Suchflügen heraus schlagartig über die richtige Spur zum Ziel kommen. Dort können sie sogar, anstatt auf den Blüten, auf den erfahrenen Bienen landen, die Geraniol in die Luft entlassen. Wie hoch die Konzentration an Geraniol in der Luft sein muss, um von den Bienen wahrgenommen zu werden, ist bisher unbekannt. In ähnlichen Fällen genügen wenige Duftmoleküle.

# KÖNNEN SICH HONIGBIENEN BETRINKEN?

*Der Anlass, sich mit dem Alkoholkonsum bei Bienen zu befassen, war ein Forschungsprojekt über das Sammeln von natürlicherweise giftigem Nektar durch Asiatische Honigbienen (Tan et al., 2012). Diese Bienen kommen mit den leicht giftigen Alkaloiden im Nektar zurecht (siehe dazu auch S. 68). Doch wie verhält es sich mit Alkohol?*

Im Prozess der alkoholischen Gärung verwandeln Mikroorganismen Kohlenhydrate in Ethanol und Kohlendioxid. Ethanol kann im Zuge von Abbauprozessen in Obst entstehen. So können verdorbene Früchte zum Teil beachtliche Mengen an Alkohol enthalten. Wird im Herbst die Blütentracht knapp, interessieren sich Bienen auch für reifes und überreifes Obst. Dann sammeln sie Saft an aufgeplatzten Äpfeln, Kirschen oder Weintrauben. In den Waben im Bienenstock kann Honig mit höherem Fruchtsaftanteil zu gären beginnen, Alkohol entsteht.

## WAS BEWIRKT DAS AUFNEHMEN VON ALKOHOL BEI INSEKTEN?

Nicht nur alte Früchte, sondern auch Bier übt auf die winzigen Taufliegen eine starke Anziehung aus, man kann sie in Massen in einem Bierglas ertrunken finden. Dabei geht es den Taufliegen nicht um den Alkohol, sondern um die süßlich schmeckende Verbindung Glycerin, die ebenfalls bei der Gärung entsteht. Bekommen die Fliegen in einem Versuch Alkohol verabreicht, können sie erstaunliche Mengen vertragen, bevor sie reagieren wie betrunkene Menschen. Sie verlieren das Gleichgewicht und torkeln. Dabei wurde im Erbgut dieser Fliegen ein Gen entdeckt, dass es den Insekten möglich macht, mit immer mehr Mengen Alkohol zurecht zu kommen, sie vertragen im Laufe einer „Trinkerphase" immer höhere Alkoholdosen.

Es gibt eine natürliche Bedeutung eines Alkoholgehaltes im Fliegenblut, allerdings nur bei deren Larven: Haben Fliegenlarven Alkohol konsumiert, haben sie eine höhere Überlebenswahrscheinlichkeit gegenüber parasitischen Wespen, deren Larven sich ansonsten wiederum in den Fliegenlarven entwickeln.

Und es gibt einen interessanten experimentellen Befund: Werden Taufliegenmännchen am Sex gehindert, bevorzugen sie in einem Auswahlversuch Nahrung mit einem Alkoholanteil von 15 %. Der Grund: Sex und Alkohol aktivieren das gleiche Belohnungszentrum im Gehirn der Fliegen.

## BESOFFEN FÜR DIE FORSCHUNG

Werden Honigbienen unter Laborbedingungen mit alkoholhaltiger Nahrung gefüttert, reagieren sie erkennbar betrunken. Sie schwanken beim Stehen, sie verzichten auf Körperpflege und fallen im Extremfall einfach auf den Rücken. Auch lernen sie das Lösen neuer Aufgaben deutlich schlechter.

Bienen besitzen wie alle Insekten kein spezifisches Enzym zum Abbau von Alkohol im Blut, bei den Insekten der Hämolymphe, die alle Organe umspült. Man war lange Zeit davon ausgegangen, dass auch Insekten alkoholabbauende Enzyme besitzen, was aber nun revidiert wurde. Trotz der molekularen Unterschiede zwischen Biene und Mensch erhoffen sich Forscher aus dem Studium der Alkoholwirkung auf Honigbienen Einsichten in die molekularen Mechanismen und Folgen von chronischem Alkoholgenuss. Honigbienen sind aber noch aus einem weiteren Grund für die Alkoholforschung sehr spannende Versuchstiere: Honigbienen sind genau wie wir Menschen hoch soziale Lebewesen, und es wird sehr interessant sein, weiter vertieft zu studieren, ob auch die Bienen unter Alkoholeinfluss ihr Sozialverhalten ändern – vor allem auch, ob sie gegenüber ihren Stockgenossinnen aggressiver werden.

Eine Sammelbiene bedient sich an gärenden, ausgepressten Weintrauben.

# DIE MÄR VON MINEN AUFSPÜRENDEN BIENEN

*Vor vielen Jahren hatte eine Boulevard-Zeitung einmal, groß aufgemacht, getitelt wie folgt: „Summ Summ Bumm“. Seitdem geistert dieses Projekt mit konstanter Regelmäßigkeit durch Sommerlöcher, Krisengebiete und auch in immer wieder neue Forscheraktivitäten.*

Was steckt dahinter? Es ist die nicht aus der Welt zu schaffende Idee, mithilfe dressierter Honigbienen Landminen und andere gefährliche Objekte lokalisieren zu können. Hinter dieser Idee stecken a) das alte Modell zum Informationsgehalt der Bienentänze und b) eine überragende Fähigkeit der Bienen. Zu a): Gemeint ist die Vorstellung, Honigbienen teilten sich über den Bienentanz die genaue Lage auch weit entfernter Orte in der Umgebung des Bienenstockes mit, zu b): Honigbienen lernen rasch und nachhaltig für sich relevante Düfte kennen, normalerweise Blütendüfte.

Der Gedanke ist bestechend: Haben Honigbienen gelernt, den Geruch von TNT (einem Sprengstoff) mit Futter zu verbinden, so finden sie in der Umwelt verborgene Quellen dieses Geruches und locken durch den Tanz weitere Sammelbienen dorthin. Man braucht nun nur noch auf die klassische Art die Tanzinformation (die Vektorangabe zum Zielpunkt, siehe dazu auch altes Modell, S. 49) auszulesen, und schon weiß man, wo die Biene den Sprengstoff gefunden hat. Oder man schaut, wo im Feld sich mehrere rekrutierte Bienen räumlich konzentriert versammeln und schon weiß man, wo die durch eine dressierte Biene entdeckte Landmine vergraben liegt.

## DIE DUFTWELT DER BIENEN

Richtig ist: Honigbienen haben, wie viele Insekten, einen überragend empfindlichen Geruchssinn. Ermöglicht durch viele Tausend Sinneszellen auf den beiden Fühlern am Kopf der Bienen sind diese für Düfte so empfindlich wie Spürhunde. Bienen leben in einer Duftwelt, die wir Menschen mit unseren dafür groben Sinnen nicht nachvollziehen können. Normalerweise sind es die Blütendüfte und

Eine blühende Landschaft bietet für Sammelbienen hoch Attraktives. Ein künstlicher Geruch, auf den Bienen trainiert worden sind, kann dagegen nicht „anstinken".

Kommunikations-Botenstoffe, die für Honigbienen interessant sind. Und weil es mehr als Hunderttausend unterschiedliche Blütendüfte gibt, auf welche die Bienen treffen könnten – also zu viele, um alle kennen zu können – hat die Natur die Bienen mit einer überragenden Lernfähigkeit für Düfte ausgestattet (siehe auch S. 20). Einmal auf einer Glockenblume gelandet, vergessen die Bienen diesen Duft nie mehr, wenn sie dort auf Nektar, also eine Belohnung, gestoßen sind. Bereits die alten Griechen wussten, dass sich Honigbienen nach Düften richten, und die moderne Verhaltensforschung hat uns geholfen zu verstehen, wie einfach Bienen auch auf nicht-natürliche Düfte dressierbar sind, also selbstverständlich auch auf Sprengstoffdüfte. So kann man in einem Versuch eine solche Belohnung in Form eines Zuckerwassertropfens mit jedem beliebigen Duft verbinden (Abb. S. 21). Die Biene merkt sich diesen Duft wie einen Blütenduft.

## SCHÖN WÄR'S ...

Nun zu der Idee, derart vorbereitete Bienen draußen im Feld nach Landminen (TNT-Duft) suchen zu lassen. Als Bienenbiologe muss man

fürchten, dass hier mit zu viel Optimismus herangegangen wird. Man muss sich einmal die Biene im Feldeinsatz vorstellen. Falls in dem Gelände, in dem die Bienen nach Minen suchen sollen, irgendetwas Bienenattraktives wie Blüten oder bei Bedarf auch Wasser zu finden ist, wird auch der Nichtfachmann vorhersagen können, was passieren wird, da natürliche Blütendüfte für futtersuchende Bienen unwiderstehlich sind.

Es darf auf keinen Fall eine Blüte in der Gegend sein, in der die Minen vermutet werden und die Bienen suchen sollen. Grundsätzlich ausgehebelt wird die Minenaufspür-Idee durch die Tatsache – noch immer nicht von jedem Bienenbiologen akzeptiert –, dass die Tanzinformation höchst ungenau ist (Tautz, 2021) und somit wenig hilfreich im hier besprochenen Zusammenhang. Dazu kommt, dass eine Sammelbiene erst dann zu tanzen beginnt, nachdem sie eine bestimmte attraktive Futterquelle 5- bis 10-mal hintereinander besucht hat und dort eine Belohnung wie Nektar gefunden hat. Über einer Mine findet sie nichts, sie wird dort nicht wiederholt hinfliegen und schon gar nicht zu tanzen beginnen.

Bienen sind für uns Menschen unverzichtbare Helfer, aber leider nicht bei „Summ Summ Bumm“.

# HABEN BIENEN EIN BEWUSSTSEIN UND EMOTIONEN?

*In seinem neuen, in englischer Sprache erschienenen Buch „The mind of a bee" breitet der Autor Prof. Lars Chittka vom Research Centre for Psychology der Queen Mary University of London auf sehr anschauliche Art und Weise seine umfangreichen, über mehrere Jahrzehnte erstreckten Forschungsarbeiten an Hummeln und Honigbienen aus. In locker-flottem Erzählstil spricht er wie in einer Vorlesung seine Leserschaft direkt an – und man „hört" sehr gerne zu.*

Dabei lernt man unter anderem die Sinneswelt (sehr detailliert den Sehsinn) der Hummeln und Bienen kennen, liest über eindrucksvolle kognitive und Lernleistungen, staunt über altes wie neues Wissen zu Aufbau und Funktion der Gehirne dieser Insekten. All das wird am Ende zusammengeführt zu der Frage „Haben Bienen Bewusstsein und Emotionen?" Damit reiht sich das Buch ein in eine Serie aktueller Publikationen, die sich damit auseinandersetzen, ob und wie wir die aufregende Frage nach einem Bewusstsein bei Tieren mit der Aussicht auf belastbare Antworten studieren können. Folgt man dem Annäherungsversuch des amerikanischen Philosophen Thomas Nagel in dessen Publikation „What is it like to be a bat?" (The Philosophical Review 1974) – Chittka betitelt ein Kapitel „What it's like to be a bee" –, ist das Unterfangen hoffnungslos, denn die Wissenschaften basieren in ihrer Methodik auf einer Außenperspektive, mit der sich die Innenperspektive der Wahrnehmungswelt gar nicht fassen lasse.

## „WHAT IS IT LIKE TO BE INTELLIGENT?"

Es gibt aber einen raffinierten Ausweg, der über eine Aufstellung von Kriterien zumindest formale Zuordnungen zulässt, die verblüffen. Verständigt man sich zur Einordnung als „intelligent" auf die „Fähigkeit zu Problemlösung, Merkfähigkeit und Anpassungsfähigkeit", sind sogar Schleimpilze intelligent. Sie finden den kürzesten Weg durch ein Labyrinth und können erlernte Information an Artgenossen weitergeben.

Haben Bienen ein Bewusstsein und Emotionen? Ein schöner Gedanke, aber streckt uns diese Biene vielleicht ihre Zunge heraus, weil sie weiß, dass wir das nie sicher wissen können? (Rasterelektronenmikroskopische Aufnahme.)

Diesen Ansatz, über eine Zusammenstellung von Kriterien Antworten zu erhalten, vertritt auch Lars Chittka zur Frage von Bewusstsein und Emotionen bei Bienen, aber nicht ohne Vorsicht, wenn er schreibt „... natürlich bewegen wir uns auf spekulativem Gelände ...“.

Nimmt man kognitive und Verhaltensleistungen als Gradmesser, muss man auch Maschinen (KI – Künstliche Intelligenz) die Eigenschaften zugestehen, über die im Buch zu Insekten berichtet wird. Ein härterer Kriterienkatalog zieht physiologische Prozesse im Gehirn der Lebewesen hinzu. So haben Grover und Mitarbeiter in der Zeitschrift Nature im Frühjahr 2022 eine molekularbiologische Studie publiziert, nach der Prozesse während komplexer kognitiver Vorgänge im Gehirn von Taufliegen ähnlich denen im Gehirn von Säugetieren ablaufen.

## PIONIERE DER FORSCHUNG

Überlegungen zum „Innenleben“ von Insekten haben bereits sehr frühe Forscher angestellt, deren Beobachtungen und Gedanken Professor Chittka in seinem Buch ausführlich vorstellt und würdigt. Dazu gehören der blinde Schweizer Bienenforscher François Huber (1750–1831), der US-amerikanische Forscher Charles Turner (1867–1923), der Franzose Jean-Henri Fabre (1823–1915) – beide Letztgenannten sind Begründer einer modernen Insektenkunde – und der belgische Forscher und Schriftsteller Maurice Maeterlinck (1862–1949). Diese Pioniere auf dem Gebiet, das Lars Chittka vertritt, sind es mehr als wert, wieder ins Bewusstsein gerückt zu werden. Der Autor macht sich damit sehr verdient. Sie waren vergessen oder wurden von streng denkenden Wissenschaftlern wegen ihrer anthropomorphen Betrachtungsweise nicht ernst genommen.

So ist es bemerkenswert, dass in dem epochalen Werk Karl von Frischs („Tanzsprache und Orientierung der Bienen“, 1965) keine einzige der Arbeiten von Turner, Fabre und Maeterlinck erwähnt werden. Deren Beobachtungen und Versuche waren solide und reproduzierbar, aber ihre Schlussfolgerungen auf das „Innenleben“ der Bienen mögen allzu abwegig erschienen sein, um die Arbeiten ernst zu nehmen.

## BIENEN, HUMMELN UND IHRE BEEINDRUCKENDEN KOGNITIVEN LEISTUNGEN

Auf sicherem Grund bewegt sich der Autor sehr souverän in der Schilderung höchst raffiniert ausgedachter Experimente zum Wabenbau (anders als in seinem Buch ausgeführt, sind die Bauketten im Wabenbau aber kein Phänomen unbekannter Funktion, sondern ein Artefakt der Bienenhaltung. Sie kommen bei Nestern, frei gebaut in hohlen Bäumen, nicht vor), zur Erkennung optischer Reize bei frei fliegenden Bienen und zu Experimenten, mit denen eindrucksvoll kognitive Leistungen der Bienen und Hummeln offengelegt wurden. Die verglichen mit der chemischen Wahrnehmungswelt einfache Kontrollierbarkeit optischer Reize (Farbe, Helligkeit, Muster etc.) macht es verständlich, dass diese Sinnesmodalität in bisherigen Forschungen mit einer Tiefe bearbeitet worden ist, die für andere Sinne nachzuholen bleibt.

Mit besseren chemischen Methoden, einsetzbar mit hoher zeitlicher und räumlicher Differenzierung auch bei freifliegenden Bienen, wird es möglich sein, auch auf diesem Feld aufzuholen und etwa drängende Fragen zur Kommunikation der Bienen („Tanzsprache“) zu beantworten.

Es werden eine ganze Reihe an verblüffenden Verhaltensleistungen der Hummeln vorgestellt. So ein vom Autor als Werkzeuggebrauch eingeordnetes Verhalten: Die Hummel bewegt eine kleine Unterlage mit Futter zu sich heran, indem sie, am Weiterkommen zum Futter gehindert, mit Mundwerkzeugen und Beinen eine kurze Schnur (in der Sicht des Autors das Werkzeug) zu sich heranarbeitet (vergl. Abb. S. 14). Man erkennt in dem raffiniert ausgedachten Experiment das Bemühen einer Hummel wieder, sich in der Natur mit ihren Beinen und Mundwerkzeugen brachial in Blüten hineinzuarbeiten, hier nur – im Experiment am Fortkommen gehindert – auf der Stelle krabbelnd und so die bewegliche „Blüte“ herbeibewegend.

Aufregend ist die Beobachtung, dass einige „naive“ Hummeln nach Zuschauen diese und andere Verhaltensweisen mit höherer Wahrscheinlichkeit als andere Hummeln ausüben können: Sie haben durch Beobachten gelernt (siehe auch S. 14). Der Autor spricht auch darüber sehr anschaulich und nennt es „cultural diffusion“.

## UND HABEN BIENEN DENN NUN AUCH GEFÜHLE?

Sind Überlegungen zu Formen des Bewusstseins bei Bienen schon nicht einfach anzustellen, ist das Thema „Emotionen bei Insekten“ noch um einiges schwieriger, für manchen sogar hoffnungsloser. Lars Chittka packt auch dieses Thema an und schildert Beobachtungen und Experimente, die ihn dazu veranlassen, sehr mutig schlussfolgernd den Bienen Gefühlsregungen („they might experience some form of emotions“) zuzutrauen, auch wenn diese Idee im Sinne von Thomas Nagel wissenschaftlich nicht überprüfbar ist.

Die Vorstellung von einem „reichen Innenleben“ der Insekten ist aber auf jeden Fall eine schöne Vorstellung. Und eine nützliche, wenn sie dazu führt, dem Autor zu folgen und – auch aus der Vorstellung heraus, dass bienenspezifisches Bewusstsein und Emotionen existieren – diese Mitgeschöpfe respektvoll zu behandeln und sich ernsthaft und nachhaltig für deren Schutz einzusetzen.

# SUPER-ORGANISMUS BIEN

## KOMPETENZ DURCH TEAMWORK

# DIE SPRACHE DER BIENEN

*Die Staaten der Honigbienen können als Superorganismen sämtliche anfallenden Aufgaben zeitgleich erledigen. Nahrungsbeschaffung, Brutpflege, Verteidigung, Paarung und alles weitere, das einzeln lebende Tiere nur jeweils eins zu einer Zeit angehen können, schaffen Honigbienen gleichzeitig.*

Möglich wird dies durch die Arbeitsteilung zwischen den Mitgliedern der Kolonie. Für einen sinnvollen und geordneten Ablauf der Arbeiten muss jede Biene wissen, was sie wann, wo und in welchem Umfang tun soll. Ein wesentlicher Teil dieses Wissens basiert auf Kommunikation, dem Austausch von Information zwischen den Bienen.

Die berühmteste Erscheinung in der Verständigung zwischen Bienen ist die sogenannte Tanzsprache. Dabei sorgen erfahrene Bienen dafür, dass interessierte Rekruten zu der Futterstelle gelangen, die von den Tänzerinnen beworben wird.

Eine Sammelbiene wirbt mit Schwänzeltänzen für ein lohnendes Ziel.

Bereits sehr früh in der Erforschung der „Sprache der Bienen" machte der Altmeister der Bienenforschung, der österreichische Zoologe Karl von Frisch, zwei entscheidende Entdeckungen. Er schrieb darüber: „Je länger eine Biene auf den Waben getanzt hat, je eifriger sie also um Neulinge geworben hat, desto ergiebiger erfolgt auch im Allgemeinen bei ihrer Rückkehr zum Futter das „Beduften" des Platzes" (von Frisch, 1923).

Und weiter: „... wurde die nun spärliche Tracht weiter gesammelt, ... unterblieben die Tänze im Stock und es unterblieb das Ausstülpen des Duftorganes beim Befliegen der Blüten" (von Frisch und Rösch, 1926).

Von Frisch sah also im Stock die Tänze der Bienen und am Zielort die Brauseflüge mit einem Beduften des Zieles (mehr dazu ab S. 51). Er erkannte auch den Zusammenhang zwischen beiden Verhaltensweisen: Es waren dieselben Bienen, die sich im Stock und am Ziel um die Rekruten bemühten. Es blieb komplett verborgen, was sich auf der Strecke zwischen Bienenstock und Ziel abspielte.

## IN MEHREREN STUFEN ZUM ZIEL

In den folgenden Jahrzehnten der Bienenforschung wurde das Augenmerk so gut wie ausschließlich auf die Vorgänge im Bienenstock gerichtet. Im Feld kann man beobachten, dass die Bienen, die im Stock einer Tänzerin gefolgt waren, punktgenau am beworbenen Ziel eintreffen. Und da sich aus der Vermessung vieler Tänze mit den Methoden der beschreibenden Statistik recht genau die Position eines Zieles berechnen lässt, wurde den Tänzen zugesprochen, die Koordinaten eines Zieles so wiederzugeben, dass danach die Rekruten das Ziel selbstständig finden.

Durchforscht man die enorme Fülle an Arbeiten über den Bienentanz aus den letzten 100 Jahren, lässt sich ein alternatives Bild zeichnen. Dabei finden auch solche Beobachtungen, Daten und Vorstellungen problemlos ihren Platz, die bisher eher zu Unklarheiten oder sogar Widersprüchen führten. Auch auf eine Reihe von Hilfshypothesen kann verzichtet werden, die zur Stützung des alten Modells eingeführt worden sind. Dabei wird das Auffinden eines Zieles durch Bienenneulinge als Fernorientierung gesehen.

Starten Tiere zu einem Ziel, das sie beim Aufbruch weder sehen, noch riechen, noch hören können, liegt Fernorientierung (Navigation) vor. In diesem Konzept finden die Bienentänze und ihre Botschaften ihren Platz in der ersten von drei Stufen zum Ziel. Folgen Neulinge in der ersten Stufe der Informationskette den Angaben der Tänze, gelangen sie in ein Suchareal, der zweiten Stufe der Fernorientierung. Stoßen sie dort auf die erfahrenen Bienen, die im Stock tanzten und nun auf dem Weg zum Ziel sind, ist deren Lockverhalten in der dritten Stufe der Annäherung an das Ziel ebenso zielführend wie die Düfte der Blüten. Die detaillierte Infografik im nächsten Kapitel wird dieses neue Drei-Phasen-Modell noch genauer veranschaulichen.

# DIE „TANZSPRACHE" DER HONIGBIENE – ALT UND NEU AUF EINEN BLICK

*Werden herausragende Eigenschaften und Fähigkeiten der Honigbienen vorgestellt, gehört die „Tanzsprache" der Bienen als fester Bestandteil dazu. Die klassische Auffassung dazu war ein wesentlicher Grund für die Verleihung des Nobelpreises im Jahre 1973 an den Bienenforscher Karl von Frisch.*

Berühmt und unzählige Male kopiert und wiedergegeben wurde eine Darstellung, die in dem epochalen Buch Karl von Frischs, „Tanzsprache und Orientierung der Bienen" (1965), abgedruckt worden ist. Um Beobachtungen, Experimente und deren Resultate in Einklang mit dem klassischen Modell zu bringen, wurden im Laufe der Jahrzehnte immer mehr Hilfshypothesen eingeführt, von denen bisher keine belegt werden konnte. Dies und eine Reihe weiterer Beobachtungen machten es notwendig, die Grundlagen für dieses Modell kritisch zu betrachten und, falls nötig, nach einer alternativen Lösung zu suchen, mit der die Datenlage eher in Einklang zu bringen ist (siehe dazu auch S. 49).

## REKRUTIERUNG BEI HONIGBIENEN – DAS KLASSISCHE MODELL ZUM SCHWÄNZELTANZ

Der Schwänzeltanz gibt die Richtung und Entfernung zu einem Ziel an. Die Tänze zu den Zielen 1 und 3 weisen nach oben bzw. unten. Da sich die Biene im Feld an der Sonne orientiert, verstehen die Tanzfolgerinnen, dass die Futterstelle in einer Linie mit dem Stand der Sonne liegt. Entsprechend finden sie zur Futterstelle 2, indem sie einen um 80 Grad links vom Sonnenstand abweichenden Winkel anfliegen. Die Entfernung zum Ziel lesen sie aus der Länge der Schwänzelstrecke (siehe Abb. auf S. 49).

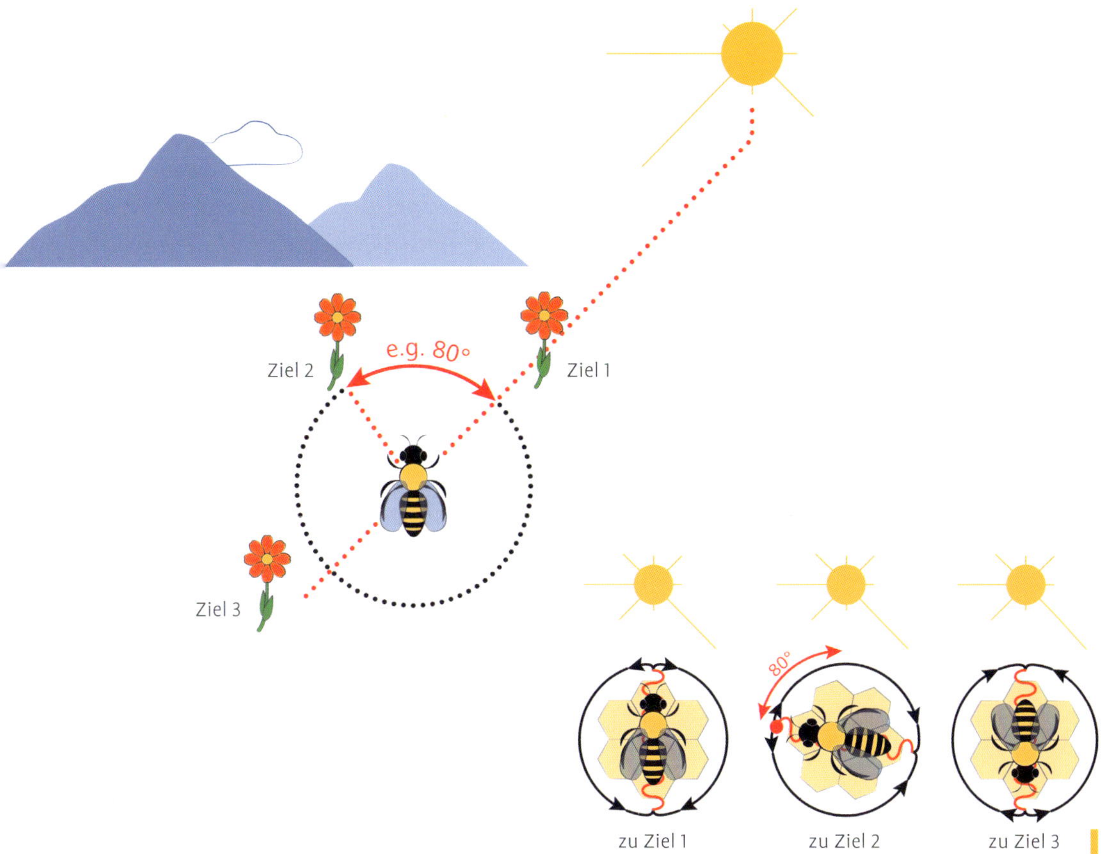


Altes Modell (siehe diese Seite) und neues Modell (siehe S. 50) zur „Tanzsprache" der Honigbienen im Vergleich.

## DAS NEUE DREI-PHASEN-MODELL: SCHICKEN, SUCHEN, LOCKEN

Dabei entstand das im letzten Kapitel bereits angesprochene neue Modell zur Rekrutierung bei Honigbienen, dessen einzelne Bausteine sogar schon in den Schriften von Karl von Frisch gefunden werden können, aber interessanterweise zu Gunsten des alten, einfach zu formulierenden, aber faszinierenden klassischen Modells nie zu einer Neubetrachtung geführt haben.

Als Quintessenz zu einem Buch (Tautz, 2021), das die Geschichte der Erforschung der „Sprache der Bienen" der letzten hundert Jahre aufrollt und begründet, wieso das alte Modell durch ein neues ersetzt werden sollte, ist eine Infografik entstanden, die auf einen Blick zeigt, worin sich altes und neues Modell unterscheiden. Diese Unterschiede sind nicht marginal, sondern ziehen erhebliche Konsequenzen nach sich. So kommt das neue Modell ohne die bereits erwähnten Hilfshypothesen aus, und sich unversöhnlich streitende wissenschaftliche Standpunkte lassen sich problemlos zu einem schlüssigen Konzept vereinen.

Die Information aus dem Schwänzeltanz ist ungenau und gibt lediglich ein unscharf abgegrenztes Areal an, in dem sich das Ziel befindet. Fliegen die Bienen zu einem neuen Futterplatz, den eine andere Sammelbiene durch ihren Tanz beworben hat, durchlaufen sie drei Phasen.

- **Schicken:** Die Bienen folgen den Hinweisen der Tänzerin und fliegen vom Bienenstock in das im Tanz angezeigte grob umrissene Areal.
- **Suchen:** Die Bienen erreichen das Suchareal, dessen Lage, Form und Ausdehnung von äußeren (Wetter) und inneren (Motivation) Faktoren der Rekruten abhängt.
- **Locken:** Treffen die Rekruten im Suchareal auf Düfte der Blüten die sie auf der Tänzerin wahrgenommen hatten und / oder die Signale der Tänzerinnen, welche die Kommunikation im Feld fortsetzen, werden die Bienen zum Ziel geführt

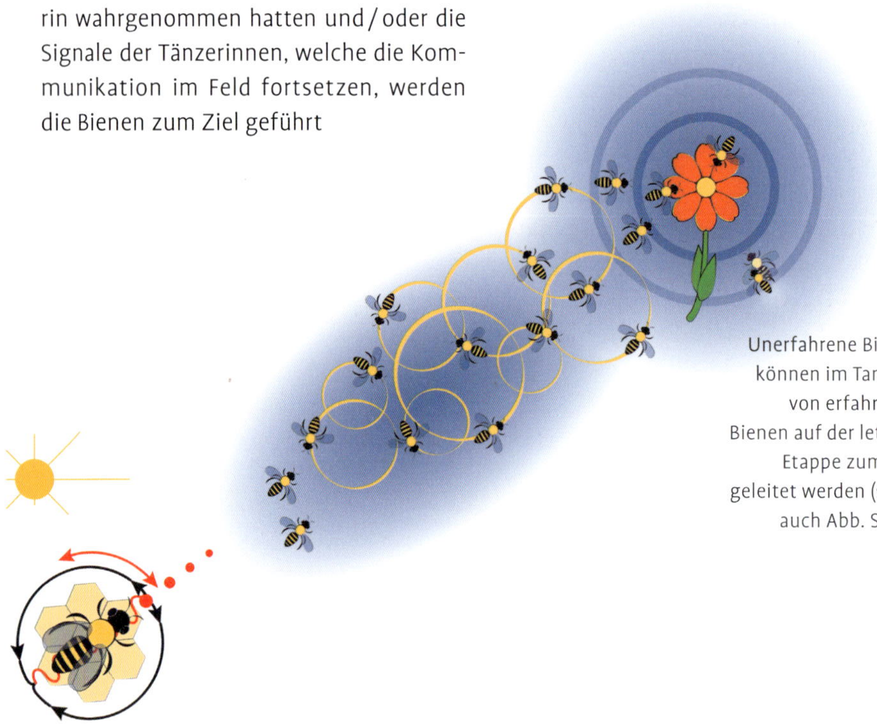

Unerfahrene Bienen können im Tandem von erfahrenen Bienen auf der letzten Etappe zum Ziel geleitet werden (siehe auch Abb. S. 34).

# DER BRAUSEFLUG: DAS VERNACHLÄSSIGTE ELEMENT IN DER KOMMUNIKATION DER HONIGBIENEN

*Erweiterte Blickrichtungen machen neue Erkenntnisse möglich, oder rufen, wie nachfolgend geschildert, längst vergessene Ansätze wieder auf den Plan.*

Sammelbienen-Neulinge finden die Ziele, die von erfahrenen Bienen beflogen werden, noch in mehreren Kilometern Entfernung von ihrem Nest. Sie finden sie selbst dann, wenn diese Ziele durch den Menschen unter einer Bedeckung verborgen werden und nur durch schwierige Zugänge erreichbar sind. Schon Aristoteles hatte gruppenweises Landen von Sammelbienen an Blüten beobachtet und vermutete (fälschlicherweise) ein Hinterherfliegen der Neulinge bereits vom Bienennest an. Recht nahe kam einem Weg der Verständigung zwischen den Bienen Spitzner, der um 1810 herum auffällige Flugmuster beschrieb, in deren Folge sich Neulinge an den Blüten einstellten.

Karl von Frisch, der große Altmeister der Bienenforschung, machte die gleiche Beobachtung zu dem, was wir als Brauseflüge bezeichnen. Er schrieb 1923: „Die Sammlerinnen, die vom Stock her zum vollen Schälchen geflogen kamen, schwärmen oft auffallend lange über dem Futterplatz in unregelmäßigen Touren herum.“ Von Frisch erforschte daraufhin ihr Auftreten und ihre Wirkung auf andere Bienen. Dabei entdeckte er u. a., dass brausefliegende Bienen mit einer sichtbar geöffneten Duftdrüse an ihrem Hinterleib (Nasanov-Drüse) die Blüten umschwirren. Die Bienen entlassen dabei Geraniol (siehe S. 33), den Duftstoff, den sie auch einsetzen, um den Eingang zum Bienenstock zu markieren, dann allerdings nicht im Flug, sondern vor dem Eingang sitzend. Von Frisch konnte zeigen, dass ein Verschließen dieser Drüse einen rapiden Rückgang ankommender Neulinge zur Folge hatte. Ihm fiel weiterhin auf, dass im Bienenstock ein weiteres Verhalten der Bienen (das vor ihm bereits Unhoch im Jahre 1823 wie folgt beschrieben hatte: „…, dass sie sogar auch nach ihrer Art zuweilen einen gewissen Tanz anstellen …“), mit den Brauseflügen am

Zielort zusammenhängt: Bienen, die im Stock die auffallenden Tänze aufführen, zeigen fast immer Brauseflüge auf. Ohne Tänze beobachtet er keine Brauseflüge.

## EIN AUFSCHLUSSREICHES EXPERIMENT

Gemeinsam mit meinem Kollegen Prof. Songkun Su und Prof. Shaowu Zhang haben wir diese Beobachtung an *Apis mellifera* und auch an der Asiatischen Honigbiene *Apis cerana* wie folgt bestätigt gefunden: In einer experimentellen Serie wurden zehn Sammelbienen zu einer Futterstelle in 300 Metern Entfernung vom Stock dressiert. Für jede der zehn Bienen wurden je 20 Sammelflüge beobachtet. Registriert wurde im Stock für jede individuell beobachtete Biene „Tanz" oder „Nicht-Tanz" und für den darauf folgenden Sammelflug am Futterplatz „Brauseflug" oder „Nicht-Brauseflug". Das Ergebnis: in 81 % der 200 Einzelbeobachtungen zeigte die gleiche Biene Tanz und Brauseflug, in 8 % der Fälle Tanz und keinen Brauseflug, in 6 % der Fälle keinen Tanz und Brauseflug und in 5 % der Fälle keinen Tanz und keinen Brauseflug. Ein Beobachter am Futterplatz konnte einem zweiten Beobachter, der die Tänze im Bienen-Beobachtungsstock betrachtete, demnach mit 80 % Sicherheit per Funk übermitteln, ob die Biene, die eben am Futter eingetroffen war, vor ihrem Flug zum Futter getanzt hatte oder nicht.

## DIE IDEE EINER „BIENEN-SPRACHE" WIRD GEBOREN

Um 1940 herum machte Herr von Frisch eine seiner aufregendsten Entdeckungen: Details in den Bewegungen der im Stock tanzenden Bienen verändern sich mit der Position der Futterstelle in der Landschaft. Das war die Geburtsstunde der Idee einer „Sprache" zwischen den Bienen, über die anscheinend sehr genau die Lage des Zieles kommuniziert werden konnte (man konnte ja sehen, dass die Neulinge an dem Punkt eintrafen, den auch die Tänzerin besuchte). In diesem Modell kamen die Brauseflüge nun nicht mehr vor – leider. Wären sie eingebaut worden, hätten sich höchstwahrscheinlich zwei unterschiedliche Positionen (1. der Tanz vermittelt Richtung und Entfernung zum Ziel und er allein bringt die Bienen dorthin und 2. auf der anderen Seite das Modell, dass der Tanz keinerlei von den Bienen genutzte Rauminformation enthält, sondern dass es ausschließlich Düfte

Ist die Nasanov-Drüse geöffnet, verteilt das Brausen der Flügel das aus ihr austretende lockende Pheromon.

sind, die die Bienen zum Ziel bringen) rasch angenähert. Zwischen 1923 und heute beachten und erwähnen gerade einmal, soweit mir bekannt ist, zwei Arbeiten die Brauseflüge, was erstaunlich ist, angesichts der Zuverlässigkeit ihres Auftretens.

## ALLE BAUSTEINE FÜHREN GEMEINSAM ZUM ZIEL

Die Brauseflüge sind geeignet, eine der Fragen, die Karl von Frisch beschäftigte (wie können durch hoch variable Tänze Neulinge exakt zu einem Ziel gebracht werden?), zu beantworten: Das Ziel wird durch die Flugfiguren und den Duft aus den Drüsen der Sammelbienen markiert. Die Existenz der Brauseflüge entspannt den Konflikt zwischen anscheinend unversöhnlichen Positionen der Bienen-Wissenschaft und weist den Weg zu einem dritten Modell, in dem wichtige Elemente beider Modelle ihren Platz finden: Die Schwänzeltänze geben ein grob umrissenes Gebiet an und sichern so, dass die Neulinge, die diese Vorinformation nutzen, nicht beliebig ausgerichtet und zeitaufwendig nach den Anschlusssignalen im Feld suchen müssen, in denen dann auch der Duft eine essenzielle Rolle spielt. Alle Bausteine im Rekrutierungsverhalten gehören zusammen. Es würde sich sehr lohnen, die Brauseflüge in ihren Details mit der gleichen Gründlichkeit zu erforschen, wie jedes Detail des Tanzverhaltens untersucht worden ist.

Das Kapitel „Bienentanz“ ist keineswegs geschlossen, wenn man ernst nimmt, was Karl von Frisch vor der Idee einer „Sprache“ zwischen den Bienen gesehen und als erster gründlich untersucht und beschrieben hat.

# WIE FLEISSIG SIND DIE HONIGBIENEN?

*Wer vor einem summenden Bienenstock steht und den emsigen Flugverkehr der Sammelbienen betrachtet, kann auf den ersten Blick eigentlich nur bestätigen, dass die Honigbienen „bienenfleißig" sind. Hält ein solcher Eindruck aber einer genauen Nachprüfung stand? Wie soll sich überhaupt der Fleiß der Bienen ausdrücken?*

Ein vernünftiger Anhaltspunkt scheint die Anzahl der Ausflüge zu sein, die eine Sammelbiene bei guten Bedingungen täglich durchführt. Der Leiter der Wiener Imkerschule Theodor Weippl hatte sich mit dieser Frage befasst und im Jahre 1928 im Archiv für Bienenkunde (Band 9, Seiten 70–79) Messungen und Berechnungen angestellt. Anhand der verbrauchten Menge an Honig und Pollen sowie der Menge des erzeugten Wachses kalkulierte er einen Wert von täglich 2,8 Ausflügen für jede Arbeitsbiene über eine Zeitspanne von 21 Tagen. Dieser Wert erschien uns so niedrig, gerade unter der Vorstellung der „fleißigen Biene", dass wir der Sache vor vielen Jahren noch einmal nachgegangen sind.

Unsere Skepsis an Weippls Wert kam vor allem dadurch zustande, dass man im Dressurexperiment einzelne Bienen dazu bringen kann, erheblich mehr Tagesausflüge zu unternehmen. Dabei füllt eine Sammelbiene, anders als beim Besuch richtiger Blüten, an einer einzigen „Tankstelle" ihren Honigmagen randvoll. Ist dieser Flugaktivität-Eindruck aus dem künstlichen Dressur-Experiment aber typisch für die Verhältnisse in einem frei sammelnden Bienenvolk?

## SIND DIE BIENEN ALSO „FAUL" ODER „FLEISSIG"?

Im Sommer 1999 hatten meine Doktorandin Corinna Thom, der Gastforscher Thomas Seeley von der Cornell University und ich diesen Punkt aufgegriffen, indem wir in einem Bienenvolk von 4.000 Tieren, untergebracht in einem Beobachtungsstock, markierte Sammelbienen von 5.00 Uhr früh bis 19.00 Uhr abends (u. U. bis 21.00 Uhr, aber immer bis zum Ende der Sammelaktivität) beobachtet haben. Dabei waren es vor allem zwei Aspekte, die uns interessierten: Wie viel

Prozent der Sammelbienen gehen tatsächlich auf Sammelflüge, und wie oft verlässt jede Sammelbiene täglich den Stock? Die Beobachtungen fanden über sechs Zeiträume von je drei Tagen gleichmäßig verteilt über Mai, Juni und Juli statt.

## TEAMWORK – DAS ERFOLGSGEHEIMNIS DER HONIGBIENE

Je nach Witterung, Futtersituation im Stock und Trachtangebot, gingen zwischen 0 % und 70 % der Bienen des Volkes auf Sammelflüge. Verfolgten wir aber 50 rein zufällig herausgegriffene Tiere rund um die Uhr, so zeigte sich Überraschendes: Die mittlere Anzahl der täglichen Ausflüge lag bei 3,4. Dabei absolvierte die fleißigste Biene zehn Ausflüge an einem Tag, etliche Bienen nur einen einzigen Ausflug und die unter diesem Aspekt stärkste Bienengruppe vier Ausflüge täglich. Das ist kein „Bienenfleiß“.

Skeptiker an dieser Betrachtung mag die folgende grobe Berechnung umstimmen helfen: Nehmen wir an, dass ein starkes Volk im Sommer einen Tagesrekord von 5 kg Nektar eintragen kann. Nehmen wir weiter an, das Volk besteht aus 50.000 Tieren, eine Volksstärke, die im Sommer nichts Ungewöhnliches darstellt. Nehmen wir weiter an, dass die Hälfte aller Bienen an dem betrachteten Tag auf Sammeltour geht.

Da eine Biene pro Sammelflug im Mittel 40 mg Nektar einträgt, lässt sich die Anzahl der erwarteten Sammelflüge leicht ausrechnen: Für jedes Gramm müssen die Bienen 25-mal fliegen, für 5 kg also 125.000-mal (25 × 5.000). Bei 25.000 Sammelbienen ergibt das pro Sammelbiene fünf Ausflüge täglich. Dieser auf der Basis realistischer Annahmen geschätzte Wert liegt dicht bei der durch Beobachtungen erhaltenen Ausflugshäufigkeit der Bienen.

Das Bienenvolk insgesamt vollbringt erstaunliche Leistungen, auch auf dem Sektor des Nektareintrags. Die Einzelbiene jedoch, und das mag manchem tröstlich erscheinen, ist eher „faul“.

Diese Biene macht reiche Pollen-Beute.

# WIE WEIT FLIEGT EIN BIENENVOLK FÜR EIN GLAS HONIG?

*Um Bienenfleiß eindrucksvoll zu belegen, werden Texte oftmals mit Zahlen und Vergleichen untermauert – wie in folgendem Beispiel: Für ein Glas Honig (500 g) fliegen Bienen eine Strecke von 120.000 km, was drei Erdumrundungen entspricht.*

Aufmerksame Leser finden aber nicht selten auch andere Texte über Bienen, die lediglich die Hälfte dieser Strecke angeben. Wie kann es dazu kommen? Das Problem: Wie in dem genannten Beispiel wird meist lediglich ein Wert angegeben, ohne die Umstände der Bienenansammlung zu beachten.

## EIN KLEINER EXKURS IN DIE STATISTIK

Für die Darstellung und die Behandlung von Werten, die mehr oder weniger stark schwanken können, wurde die mathematische Disziplin der deskriptiven Statistik entwickelt. Für eine Reihe von unterschiedlichen Werten lässt sich ein Mittelwert berechnen, umgangssprachlich auch als Durchschnitt bezeichnet. Die Fachleute unterscheiden dabei je nach angewandtem Rechenansatz zwischen dem arithmetischen, dem harmonischen und dem geometrischen Mittel. Oft wird zudem die gesamte Spannbreite angegeben: die Werte zwischen dem kleinsten und dem größten Wert. Oder aber der sogenannte Median wird genannt: Der Wert, bei dem alle Werte in gleichstarke Gruppen getrennt werden können – das bedeutet, die eine Hälfte aller Werte ist größer und die andere Hälfte kleiner als der Median.

## THEORIE UND PRAXIS – UND DIE SOGENANNTE „SPANNBREITE“

Ein Wert über die Angabe der Flugdistanz aller Bienen für 500 Gramm Honig ist in der Praxis nicht konkret ermittelbar, da er von einer großen Anzahl an Einflüssen abhängig ist. Begonnen von der Blütensituation

https://webcode.ulmer.de/artikel.dll?WEBCODE=11055

Der **nano-flight** um den Körper einer Honigbiene enthüllt atemberaubende Details: ihre Augen und Fühler, die kompliziert gebauten Flügel, die Raffinesse der Zunge, die sie täglich in bis zu 3.000 Blüten eintaucht, ihre „Schweißfüße“ und Pollenkämme und den respektfordernden Giftstachel.

in der Umwelt eines Bienenvolkes bis hin zu den Verhältnissen im Bienenvolk selbst. Wie kann der Aufwand der Bienen also wenigstens als halbwegs realistischer Schätzwert beziffert werden?

Am dichtesten an die Wahrheit führt eine Methode, bei der für alle relevanten Einflussgrößen die Minimal- und Maximalwerte ermittelt werden. Daraus ergibt sich die sogenannte Spannbreite, innerhalb der sich der realistische Wert bewegt. Aber Vorsicht – auch dieser Wert kann von Tag zu Tag und von Bienenvolk zu Bienenvolk schwanken. Hierzu dieser Ansatz:

- Eine Sammelbiene kann in ihrem Honigmagen zwischen 20 und 40 mg Nektar transportieren.
- Eine Sammelbiene absolviert pro Tag zwischen drei und zehn Ausflüge.
- Eine Sammelbiene kann über eine Periode von zehn bis 20 Tagen sammeln.
- Eine Kolonie kann im Laufe eines Sommers 100.000 bis 200.000 Sammelbienen hervorbringen.

Daraus lassen sich wiederum die Extremwerte der zu erwartenden Nektarsammelleistung berechnen:

- Minimalwert:
  20 mg × 3 Ausflüge × 10 Tage × 100.000 Bienen = 60 kg Nektar
- Maximalwert:
  40 mg × 10 Ausflüge × 20 Tage × 200.000 Bienen = 1.600 kg Nektar

Durch Eindickung entsteht aus einer Einheit Nektar ein etwa halb so großes Honigvolumen – nach unserer Rechnung also zwischen 30 und 800 kg Honig pro Volk.

Soweit die Theorie. Dieses berechnete Honigvolumen wird allerdings so zu keiner Zeit tatsächlich vorhanden sein, da es in einem riesigen Kreislauf von Neubildung und Verbrauch eingebettet ist. Außerdem würde der Speicherplatz im Bienenvolk für die erheblichen Mengen nicht einmal annähernd ausreichen.

Ein anderer Ansatz, der sich über den Energieverbrauch im Bienenvolk an die dafür nötige Honigmenge herantastet, kommt zu ähnlichen Werten der Honigproduktionsleistung eines Bienenvolkes.

Welche Flugstrecken würden sich aus diesen theoretischen Überlegungen ergeben? Nehmen wir an, dass eine Biene für eine Honigmagenfüllung vom 20 mg eine Gesamtstrecke von einem Kilometer fliegen muss. So ergeben sich für 500 g Last rund 25.000 Flugkilometer. Beträgt die Strecke für eine Magenfüllung zehn Kilometer, kommt schon eine Gesamtdistanz von 250.000 Flugkilometern zusammen. Erhöht man die angenommene Magenfüllung auf 40 mg, ergeben sich bei ein bzw. zehn Kilometer langen Flügen insgesamt 12.500 und 125.000 Flugkilometer.

Auch hier muss das Nektarvolumen wieder umgerechnet werden, da am Ende etwa halb so viel Honig entsteht: Das führt zu der erheblichen Spannbreite von 25.000 bis 500.000 Flugkilometern für ein 500-Gramm-Glas.

Es zeigt sich also: Die Spannbreite ist – abhängig von den eingesetzten Werten – riesig, und es ist wenig sinnvoll, lediglich einen einzigen Wert als den korrekten anzunehmen. Die häufig angegebene Zahl von 100.000 km, was 2,5 Erdumrundungen entspricht, erscheint aber trotz aller Unsicherheiten als eine gute Daumenregel, da irgendwo zwischen den Extremen angesiedelt.

Ein Teelöffel Honig entspricht in etwa der Lebensleistung einer einzelnen Biene. Dafür ist sie bis zu 700 Kilometer weit geflogen und hat bis zu 50.000 Blüten besucht.

# DER BIENEN-KRISTALL

*Der Wunsch zu verstehen und zu erklären, wie die Waben der Honigbienen zustande kommen, hängt nicht zuletzt mit deren unglaublicher Präzision im Erscheinungsbild zusammen: eine Fläche vollkommen gleichmäßiger Sechsecke aus einem hauchdünn verarbeiteten, besonderen Material.*

In der weiteren Verwandtschaft der Honigbienen finden wir durchaus Ähnliches, so z. B. die Brutzellen der staatenbildenden Wespen. Diese sind auch sechseckig, aber sie werden aus zerkautem Zellstoff gemacht und genügen dem hohen Anspruch an Genauigkeit in der Ausführung, wie die Bienen ihn haben, bei weitem nicht. Deren Waben sind derart exakt ausgebildet, dass der Astronom und Mathematiker Johannes Kepler (1571–1630) den Bienen einen mathematischen Verstand zuschrieb, um ihre Leistung erklären zu können. Der französische Naturforscher René-Antoine Ferchault de Réaumur (1683–1757) schlug vor, das Maß der Wabenzellen zur Grundlage eines einheitlichen Längenmaßes zu machen. Die Bienen wurden um diese Anerkennung ihrer Bauleistung gebracht, als am 26. März 1791 die verfassunggebende Versammlung in Paris den Meter als Standard-Längenmaß einführte.

## PHÄNOMENALE EXAKTHEIT: MATHEMATISCHES TALENT DER BAUBIENEN?

Wie diese Regelmäßigkeit der Wabenzellen zustande kommt, wissen wir nicht genau. Schafft man es, im Gewühle der Bautrupps einzelne Bienen bei ihrem Tun zu beobachten, dann sieht man, wie sie mit Mundwerkzeugen und Beinen die Wände bearbeiten. Die Dicke dieser Wände ist über die gesamte Länge bis auf wenige tausendstel Millimeter fast gleichmäßig. Die Wände frisch gebauter Zellen sind perfekt glatt und überall gleich dick, die Winkel, unter denen die Wände zusammenstoßen, betragen exakt 120 Grad.

Darüber, wie diese Genauigkeit zu erklären ist, gibt es einige Theorien, die aber ineinander übergehen. Eine davon sieht ausschließlich das direkte Bauverhalten der Bienen als Erklärung an: Jede Baubiene

Die Regelmäßigkeit der Zellen einer Wabe wird selbst dann kaum gestört, wenn, wie hier, die Wabe aus zwei aufeinander zulaufenden Baustellen hervorgeht.

bearbeitet eine Seite einer Zellwand, sie kennt also nicht die Beschaffenheit der Gegenseite, wo eine andere Biene arbeitet. Beide drücken mit ihren Fühlern gegen die Wand. Sie haben eine instinktive Vorstellung davon, wie weit die Wand diesem Druck nachgeben darf, wenn die Wanddicke stimmt. Durch ständiges Wachsabschaben vom Rohbau der Wand und kontinuierlichen Druckproben entsteht, so diese Theorie, nach und nach die optimale Zellwanddicke in größter Regelmäßigkeit.

Neuere Forschungsansätze weisen in eine andere Richtung. Wichtig für diese Sichtweisen ist, dass sie neue Untersuchungstechniken einsetzen können und bei der Entwicklung von Theorien nicht mehr allein auf den Augenschein angewiesen sind.

## EIN FASZINIERENDES ZUSAMMENSPIEL

Betrachtet man mit einer Wärmebildkamera eine Wabenbaustelle im Naturwabenbau, dann erkennt man: Am Rand der Wabe liegen die neuen Zellen. Diese haben die Baubienen zunächst rund angelegt, wobei sie den eigenen Körper als Schablone benutzen können. In die frisch aufgebauten Zellen schlüpfen nun Heizerbienen, die die Wände und Böden auf eine Temperatur von über 40 °C bringen. Das erwärmte Wachs wird so geschmeidig, dass jetzt, während die Zellen in die Länge gezogen werden, ein physikalischer Vorgang in Gang kommen kann, der zu der exakten Ausbildung der sechseckigen Wabenstruktur führt.

Sechsecke entstehen in der unbelebten und in der belebten Welt überall da, wo gleichverteilte Kraftquellen gegeneinander wirken. Die innere mechanische Spannung der Wabenwände zieht jetzt das geschmeidig gewordene Wachs so zurecht, dass jede der dicht gepackten Zylinder-Zellen sechs gerade Wände ausbildet. Das Zusammenspiel der physikalischen Eigenschaften des bieneneigenen Baustoffes, dem Wachs, führt also zusammen mit der Fähigkeit der Bienen, das Wachs aktiv zu erwärmen, zu einem so faszinierend genauen Ergebnis (Karihaloo, 2013).

Hätte Johannes Kepler Wärmebilder des Wabenbaus sehen können, hätte er den Bienen wohl kaum mathematisches Talent zuschreiben wollen. Er hätte es dann nämlich auch Seifenblasen zugestehen müssen: Sie zeigen das gleiche Phänomen. Wenn zwei Seifenblasen zusammenstoßen, entstehen zwischen ihnen ganz von selbst exakt glatte und gleich dicke, vollkommen ebene Wände.

# DIE TANKSTELLENBIENEN IM BRUTNEST

*Die Weitergabe von flüssiger Nahrung von Mund zu Mund, die sogenannte Trophallaxis, ist einer der Eckpfeiler der Sozietät der Honigbienen. So wird nicht nur Nahrung weitergegeben: Dieser Materialstrom dient auch der Verbreitung von wichtigen Botenstoffen wie dem Königinnen-Pheromon.*

Im Brutnest kommt der Trophallaxis (siehe auch S. 76) eine ganz besonders Bedeutung zu. Hier liegt das Zentrum der Heizaktivität, und demzufolge sind hier der Energieeinsatz und damit der Verbrauch von Honig am höchsten. Die Heizleistung einer Heizerbiene ist begrenzt durch den ihr dafür zur Verfügung stehenden Zuckergehalt in ihrem Körper. Dieser Zucker stellt die Energie bereit, die dann durch die Vibration der Flugmuskulatur in Wärme umgewandelt wird. Selbst bei optimaler Ausgangslage sind die Heizerbienen nach längstens 30 Minuten komplett erschöpft. Eine Fortsetzung der extrem energieaufwendigen Heiztätigkeit ist nur möglich, wenn die ausgeschöpften Energiereserven in Form von Honig nachgefüllt werden. Dies kann dadurch geschehen, dass sich die Heizerbiene in den Honigspeicher des Bienenvolkes bewegt und sich dort nachtankt.

## ENERGIEFLUSS VON „SPENDERN" ZU „EMPFÄNGERN"

Eine sehr viel elegantere, in die Regulationsprozesse des Bienenvolkes eingebettete Methode entdeckt man, wenn man die Trophallaxisvorgänge im Brutnest sorgfältig studiert. Macht man Bienen durch Markierung unterscheidbar, registriert deren Verhalten und bestimmt mittels Thermovision ihre Körpertemperatur, stellt man Erstaunliches fest: Die Spenderbienen (Tankstellenbienen) zeigen eine hohe Tendenz, zwischen dem Brutnest und den Honigvorräten hin- und herzupendeln. Dort nehmen sie Honig auf und begeben sich mit gut gefüllten Honigmägen zurück in den Brutbereich. Die Bienen, die sie dort füttern, sind zum allergrößten Teil Heizerbienen, die nachgetankt werden müssen. Im dunklen Stock machen sich die Tankstellenbienen auf den Brutwaben auf die Suche nach Wärmequellen, sprich Heizerbienen, die noch Restwärme ausstrahlen. Haben sich auf diese Weise Spender und Empfänger getroffen, wird das Fütterverhalten durch Antennenberührungen seitens der nahrungssuchenden Empfängerbiene ausgelöst. In nur 20 Minuten schaffen die Tankstellenbienen dabei bis zu sechs Versorgungsläufe, auf denen sie bis zu 30 Heizerbienen nachtanken können. Das gezeigte Verhalten rechtfertigt es, die Tankstellenbienen als eine weitere „Berufsgruppe" im Bienenvolk aufzufassen.

Die Einbindung von Tankstellenbienen in den Energiefluss von den Honigvorräten im Bienenstock bis zur Wärmeerzeugung durch die Heizerbienen im Brutnest ist ein wichtiger Baustein in der ökonomischen Organisation und Ressourcenverteilung im Bienenvolk.

Eine „Tankstellenbiene" (unten) versorgt eine „Heizerbiene" mit Honig. Die Wärmebildkamera (im linken Bild) zeigt in Gelb die vom Heizen noch warme Brust der erschöpften Heizerin.

# KURZES ODER LANGES LEBEN: DER BIEN BEEINFLUSST ES SCHON VOR DER GEBURT

*Jede Biene beginnt ihr Leben als Embryo in einem Ei. Es schlüpft die Larve, die sich später verpuppt. Am Ende dieses Entwicklungsweges steht die erwachsene Honigbiene.*

Die Lebensspanne der drei Bienenwesen entspricht deren Rolle im Superorganismus Bienenvolk. Eine Königin lebt als „roter Faden" eines Volkes bis zu vier oder gar fünf Jahre, ein Drohn während der Paarungszeit der Bienen nur für einige Wochen. Für die Sammelbienen lässt sich nicht nur EIN Alterswert, sondern gleich zwei erheblich unterschiedliche Lebensspannen angeben: einer für die Sommerbienen und einer für die Winterbienen. Das Erwachsenenleben der Sommerbienen ist im Schnitt nach etwa vier Wochen beendet (im Extremfall nach zehn Wochen, siehe Abb. S. 65), die Winterbienen können bis zu sieben Monate und länger leben.

Sammelbienen, die zu einem Futterschälchen in 500 Meter Entfernung vom Bienenstock trainiert worden sind, tragen Radio-Frequency-Identification-Chips (RFID). So können Abflug am Stock und Ankunft beim Futter automatisch erfasst werden.

## DU BIST, WAS DU ISST – DAS GILT AUCH FÜR BIENEN

Königin und Arbeitsbienen werden erst durch die Lebensumstände zu dem, was sie sind. Es sind die Bedingungen, unter denen sie sich entwickeln, die sie zu fertilen Königinnen oder sterilen Weibchen machen. Man spricht von Epigenetik, wenn wie in diesen hier geschilderten Fällen nicht das Erbgut, sondern die Umwelt die Weichen in der Entwicklung stellt. Ob weibliche Bienen fertil oder steril werden, das entscheidet das Futter während der Larvenphase (der Imker spricht von Gelée royale, funktionell ist es die sogenannte Schwesternmilch).

## SOMMERBIENE ODER WINTERBIENE: DIE TEMPERATUR ENTSCHEIDET

Hingegen kommt den Temperaturbedingungen in der Puppenentwicklung von Arbeitsbienen ein starker Einfluss auf die Entwicklung hin zur Sommer- oder Winterbiene zu. Wie das Futter für die Larven entscheidend für den Weg in Richtung Königin oder Arbeiterin ist, so bestimmt der Bien auch den Weg der künftigen Stockgenossinnen, und zwar durch die Temperatur im Brutnest. Die Bienen „backen" sich unterschiedliche Eigenschaften ihrer Schwestern. Sommer- und Winterbienen unterscheiden sich in vielen Eigenschaften, deren Ausprägung schon durch geringe Unterschiede in der Temperatur der Puppen beeinflussbar ist. Im Rahmen ihrer Doktorarbeit hat Fiola Bock (2005) in der BEEgroup der Universität Würzburg untersucht, wie sich gering unterschiedliche Temperaturen, bei denen sich Bienenpuppen in Wärmeschränken entwickelt haben, unter anderem auch auf die Lebensspanne auswirken. Die Lebensspanne wurde bestimmt als die Zeitspanne zwischen dem Schlüpfen der erwachsenen Bienen aus den Puppenzellen und dem letzten beobachteten Sammelflug. Die Sammelflüge wurden automatisch am Stockeingang registriert, indem den Bienen zum Zeitpunkt ihrer Geburt RFID-Chips (weltweit erstmals bei Insekten eingesetzt in der BEEgroup – Streit et al., 2003) aufgesetzt wurden. Unter den Versuchsbedingungen entstanden kurzlebige „Sommerbienen" bei geringfügig höherer Brutnesttemperatur, die langlebigen „Winterbienen" bei entsprechend niedrigeren Temperaturen (Abb. S. 65). Schöner lässt sich der potenzielle Einfluss des Bien auf die Eigenschaften seiner Mitglieder kaum zeigen.

Lebensläufe zweier Bienen. Ein Unterschied von 1,5 °C (34,5 °C vs. 36 °C) in der Puppenphase entscheidet, ob eine langlebige Winterbiene oder eine kurzlebige Sommerbiene entsteht. Beide Bienen kamen zeitgleich zur Welt. Die Linien weisen die Anzahlen der Ausflüge (Aktivität) aus (BEEgroup-Team).

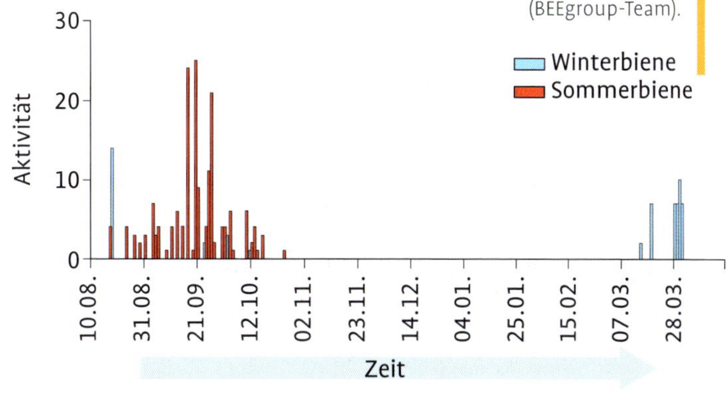

# EINE RUFT UND ALLE ANTWORTEN – CHORGESANG BEI ZWERGHONIGBIENEN

*Die Waben der Bienen haben neben vielen weiteren Funktionen auch die Aufgabe, mechanische Kommunikationssignale in Form von Schwingungen weiterzuleiten.*

Ein ganz außergewöhnliches und im Reich der staatenbildenden Insekten einmaliges Phänomen haben wir bereits vor Jahren bei der indischen Zwerghonigbiene *Apis florea* entdeckt. Diese kleine Bienenart baut im Freien eine einzige Wabe, die in der Regel an einem Ast befestigt ist. Als wir an dieser Wabe winzige Spezialmikrofone befestigt hatten, bekamen wir ungewöhnliche Laute zu hören.

Ein Sonagramm schlüsselt akustische Signale in drei Teile auf: die Frequenz (hier: Hochachse), die Zeit (hier: Rechtsachse) und die Intensität (hier: Farbe). Sonagramm der Alarmkommunikation der Zwerghonigbienen: Im ersten Teil, als Streifenmuster, ist der Pieplaut der Sammelbiene zu sehen, welche die nahende Gefahr entdeckt hat, und im zweiten Teil die „rauschende" Antwort der gesamten Kolonie.

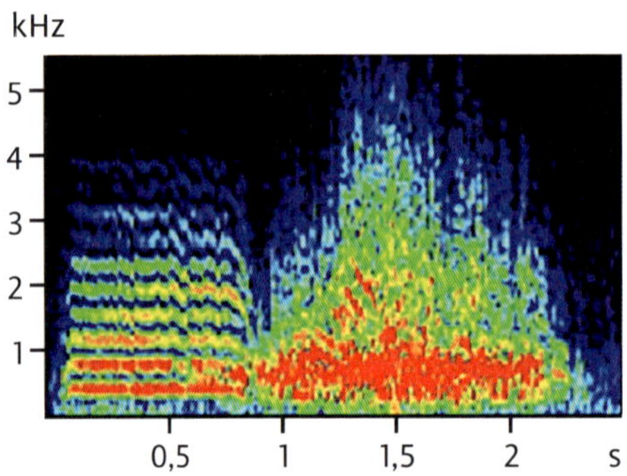


## WAS STECKT HINTER DIESER WOHL EINMALIGEN KOMMUNIKATION?

Die Wabe der Zwerghonigbienen birgt Ressourcen in Form von Bienenlarven und Honig, die als Nahrung für so manche Vogelart interessant sind. Die Abwehr derart übermächtiger Feinde erfordert ein koordiniertes Vorgehen der Mitglieder einer Kolonie. Zur Verteidigung der Wabe hat sich bei den Zwerghonigbienen deshalb diese einmalige Verständigungsform entwickelt.

Entdeckt eine heimkehrende Sammelbiene einen Vogel, der in der Nähe des Nestes auf eine Angriffsmöglichkeit wartet, landet diese Biene ganz oben auf der Wabe, presst ihren Körper an die Wabe und lässt einen „Pieplaut" los. Dieser Laut breitet sich schlagartig als Schwingung über die Wabe aus und erreicht sämtliche Bienen der Kolonie. Bereits nach wenigen solchen Pieplauten antwortet die gesamte Kolonie auf jedes Piepen selbst einer einzigen Biene mit einem Zischen. Eine derartige Verständigung zwischen einem Rufer einerseits und der gesamten Kolonie andererseits ist einmalig. Ein „Broadcasting" im wahrsten Sinne des Wortes!

## EIN APPELL ZUR WARNUNG DER KOLONIE

Diese Art der Verständigung bei drohenden Gefahren wird auch verwendet, wenn sich ein Mensch dem Nest nähert. Als Resultat dieses Wechselgesanges stellt die Kolonie sofort sämtliche Sammelflüge ein – keine Biene verlässt mehr die Wabe. So warten alle in „Habachtstellung" ab, was als nächstes passieren wird. Im Falle eines Angriffs durch einen starken Feind wie beispielsweise einen beutehungrigen Vogel stehen auf diese Weise viele Giftstachel zur Gegenwehr bereit.

Kolonie der asiatischen Zwerghonigbiene *Apis florea*. Die Bienen bedecken die komplette Wabe, die an einem Ast befestigt ist, wie ein lebendiger Mantel. Der akustische Wechselgesang der Bienen ließ sich nicht mit einem einfachen Mikrofon über dem Nest entdecken. Winzige Spezialmikrofone mussten dafür an der Wabe befestigt werden.

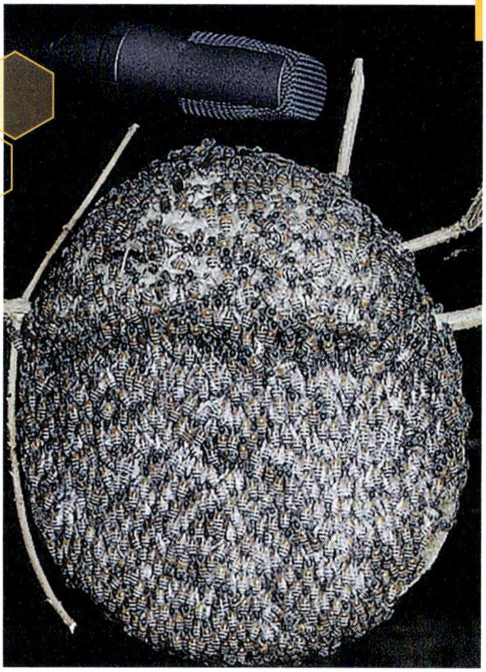

https://webcode.ulmer.de/artikel.dll?WEBCODE=11056

EINE Zwerghonigbiene warnt die Kolonie vor einem Vogel, die GESAMTE Kolonie antwortet und macht sich abwehrbereit.

# WIE REAGIEREN HONIGBIENEN AUF NATÜRLICHE GIFTE?

*Die Auswirkungen von durch den Menschen vor allem als Agro-Chemikalien in die Umwelt gebrachten Giften werden intensiv untersucht, wenngleich sie auch in allen Details noch nicht abschließend bewertbar sind. Wie aber reagieren Honigbienen auf Gifte, die natürlicherweise im Nektar vorkommen? Gibt es überhaupt giftige Nektare?*

Diesen Fragen sind wir in China nachgegangen. Dort wächst Wilfords Dreiflügelfrucht (*Tripterygium hypoglaucum*), ein sogenannter Halbstrauch, der im Mittel fünf Meter hoch wird. Seine Blütenstände haben sehr entfernte Ähnlichkeit mit denen des Flieders. In seinem Nektar sind natürlicherweise eine Reihe giftiger Substanzen enthalten. Eine günstige Ausgangslage, um sich als Bienenforscher mit der Frage zu befassen, wie Bienen mit natürlichen Giften umgehen. Pflanzen schützen sich durch Gifte gegen Fressfeinde. Aber welche Folgen haben diese Gifte für bestäubende Insekten, die eigentlichen Partner der Pflanzen?

## DIE KOMMUNIKATION IM BIENENVOLK IST WIE IMMER ELEMENTAR

Ein chinesisch-deutsch-australisches Team (Ken Tan et al., 2012) hat dazu studiert, ob die Asiatische Honigbiene *Apis cerana* diese Blüten überhaupt besucht und welche Auswirkungen der Gifte auf das Verhalten der Bienen zu beobachten sind.

Im Superorganismus Bienenvolk finden wir Mechanismen, mit denen die Bienen den Sammeleifer der Kolonie regeln können, sei es nun rauf oder runter. Rauf bedeutet in diesem Fall: Erfolgreiche Sammelbienen können im Stock Schwänzeltänze aufführen, mit denen Sammelbienen auf die Suche nach der Nahrungsquelle ausgeschickt werden. Runter bedeutet hingegen: Sammelbienen haben auch die Möglichkeit, den Sammeleifer ihrer Nestgenossinnen im Stock zu bremsen, indem sie sogenannte Zittertänze aufführen. Als Folge verlassen die Nachtänzerinnen dann deutlich seltener den Bienenstock.

Arbeiterinnen der Asiatischen Honigbiene *Apis cerana* erzeugen einen Luftstrom, um das Nest in der Höhlung zu kühlen.

## HONIGBIENEN WÄGEN FLEXIBEL AB

Die Asiatischen Honigbienen bleiben dem giftigen Nektar der Dreiflügelfrucht keineswegs fern. Ihre Verhaltensreaktionen auf den Konsum dieses Nektars richten sich vor allem danach, ob es Alternativen zum giftigen Nektar im Sammelgebiet des Bienenvolkes gibt. Stehen überwiegend Dreiflügelfrucht-Sträucher zur Verfügung, zeigen die Sammlerinnen im Stock für diese Ziele Schwänzeltänze. Diese sehen allerdings recht ungewöhnlich aus, da sie leichte Anklänge an Zittertänze aufweisen. Stehen dem Bienenvolk aber mit Nektar gut gefüllte alternative Blüten zur Verfügung, zeigen die mit giftigem Nektar heimkehrenden Sammelbienen eine abnehmende Motivation, um Schwänzeltänze aufzuführen. Dafür nimmt deren Anzahl der Zittertänze zu. Sie tendieren also dann eher zu Abschreckung als dazu, weitere Sammelbienen zum Eintrag des Gift-Nektars zu animieren.

Dieses flexible Verhalten nützt der Kolonie in jedem Fall: Es schützt vor dem Eintrag allzu großer Mengen an giftigem Nektar, wenn auch ungiftiger Nektar eingetragen werden kann. Dennoch animiert es dazu, diesen Nektar doch zur Honigerzeugung einzulagern, wenn es dazu keine Alternativen gibt und ohne diesen Nektar das Volk verhungern würde.

Die spannende Frage, welche Auswirkungen der Verzehr von Honig aus giftigem Nektar auf die Bienen hat, bleibt zu beantworten.

# WIE NUTZEN BIENEN LÖCHER IM BRUTNEST?

*Findet im Brutnest der Honigbienen die Verwandlung vom Larvenstadium über die Puppe zur fertigen Honigbiene statt, werden die Zellen verdeckelt. Da nebeneinanderliegende Zellen in der Regel durch die Königin in kurzen Zeitspannen nacheinander mit einem Ei belegt (der Imker sagt „bestiftet") worden sind, entwickeln sich die Bienen in nahe beisammen liegenden Zellen so gut wie zeitgleich.*

Das führt zu größeren verdeckelten Wabenbereichen. Man findet aber faktisch keine zusammenhängenden gedeckelten Brutbereiche, in denen es nicht einzelne leere Zellen gibt. Diese leeren Zellen können

Brutwabe mit leeren Zellen im Bereich der gedeckelten Puppenzellen.

kurzzeitig als Zwischenlager für frischen Nektar genutzt werden, erkennbar an glänzenden, lichtreflektierenden Flächen im Inneren dieser offenen Zellen. Oder aber es stecken über längere Zeitspannen Arbeitsbienen mit dem Kopf voran in den leeren Zellen.

Es gibt zwei Gründe, wieso sich Bienen auf diese Weise über längere Zeit nahezu unbeweglich in leeren Zellen im Brutnest aufhalten. Die älteste Vermutung über dieses Verhalten ging davon aus, dass sich diese Bienen ausruhen. Und in der Tat wissen wir heute, dass es sich um schlafende Bienen handelt.

Forschungen unter dem Einsatz genauer Temperaturmessungen haben als zweite Funktion dieser Bienen das Heizverhalten aufgedeckt.

## FÜR IMKER INTERESSANT

Wie lässt sich – ohne Technik – durch vorsichtige Verhaltensbeobachtungen zwischen diesen beiden Verhaltensweisen unterscheiden?

Es ist einfach möglich, wenn man die Hinterleibsspitze der Biene im Auge behält. Schlafende Bienen atmen nur hin und wieder in Schüben, erkennbar an einer Pumpbewegung des Hinterleibes, mit der die Tracheen, das Atemsystem der Insekten, mit Luft gefüllt werden. Heizen die Bienen, dann pumpt der Hinterleib unentwegt. Beim Heizen verbrennen die Bienen Honig, und dafür muss ständig Sauerstoff nachbeschafft werden. An einer sehr vorsichtig herausgezogenen Brutwabe lässt sich das hier Beschriebene gut beobachten.

# LUFTFEUCHTE IM BIENENSTOCK

*Die Auffassung, auch ursprünglich vertreten vom Autor dieses Buches, dass die Westliche Honigbiene kein geeignetes Mittel hat, um die Luftfeuchte im Bienenstock aktiv zu regulieren, musste in den letzten Jahren überdacht werden. Grundlage sind Experimente und Beobachtungen (Sachs & Tautz, 2017), die hier knapp dargestellt werden.*

In der Natur leben Bienen seit Millionen von Jahren in Baumhöhlen, die sich in ihrer Anlage erheblich davon unterscheiden, wie beimkerte Bienen in der Regel untergebracht werden. Die Höhlen in Bienenbäumen sind meist um ein Mehrfaches höher als breit, sie sind umgeben von massivem Holz mit großen Wandstärken und weisen meist nur ein kleines Flugloch im unteren Drittel der Höhle auf. Eine passive Belüftung ist hier nur im geringen Maße möglich. Die Bienen sollten aktiv eingreifen, wenn die Luftfeuchte in der Bienentraube nicht zu Kondensation an den Waben führen soll.

## UND SIE REGULIEREN DOCH

Unsere Messungen greifen erstmals die Idee auf, dass die Bienen in der Lage sind, Einfluss auf die relative Luftfeuchte im Bienennest zu nehmen. Unsere Ergebnisse liefern einen indirekten Beweis für diese Fähigkeit der Bienen.

Durch die Messung von regelmäßigen Schwankungen der relativen Luftfeuchte inmitten einer Bienentraube und die Messung von regelmäßigen Temperaturschwankungen am Rand der Wabengassen werden von den Bienen gesteuerte Luftwechsel belegt, die für die Bienentraube den Effekt der Entfeuchtung haben. In mehreren Schritten wird kalte „trockene“ Luft in den Wabenbau geleitet, erwärmt und dann mit der warmen „feuchten“ Luft ausgetauscht. Die relative Luftfeuchte in der Bienentraube wird so innerhalb weniger Minuten um bis zu 20 % gesenkt, ohne dass es zu Temperaturschwankungen kommt.

Es ist höchst erstaunlich, dass bereits einzelne Honigbienen durch ihre „Ventilatorentätigkeit“ an geeigneter Stelle im Bienennest für diese Art der Entfeuchtung sorgen können.

Eine Arbeiterin „fliegt" im Stand und erzeugt so mit ihrem Flügelschlag einen Luftstrom.

# DER DARM VERRÄT DAS SOZIALE INSEKT

*Der stetige Fluss des Honigs von Bienenmund zu Bienenmund ist einer der Faktoren, der aus Zehntausenden von Individuen eine Einheit, den Bien, bildet. Auf diese Art und Weise werden wichtige Informationen sowie Futter an die Gemeinschaft übermittelt. Doch was genau hat der Darm einer jeden einzelnen Biene damit zu tun?*

Der permanente Honigstrom zwischen den Bienen versorgt jedes Mitglied der Bienenkolonie stetig mit Energie und Rohstoffen. Besonders deutlich wird dies bei der Versorgung erschöpfter Heizerbienen: Die Heizerbienen müssen ihre Tätigkeit nicht unterbrechen, weil sie durch die sogenannten „Tankstellenbienen“ (siehe auch S. 63) ständig mit Honigvorräten versorgt werden. Durch die Einbeziehung aller Bienen einer Kolonie in die Verteilung des Honigs werden in Zeiten echter Not also nicht einige Bienen auf Kosten anderer überleben. Bei den Bienen ist es so: Entweder leben alle oder es verhungern alle – und das unter Umständen in allerkürzester Zeit: Es handelt sich dabei um Stunden.

## DER HONIGSTROM ALS INFORMATIONS-FLUSS

Zusätzlich gilt der stetige Strom des Honigs in alle Bienenmünder auch als einer der wichtigsten Wege der Kommunikation im Bienenvolk. Beispielsweise verbreitet sich die Botschaft, dass eine gesunde und fruchtbare Königin anwesend ist, indem die Hofstaatbienen die Königin stets penibel sauber halten. Durch das ständige Belecken nehmen sie die Königinsubstanz von deren Körperoberfläche auf und geben diese von Mund zu Mund weiter.

Die Biene transportiert den gesammelten Nektar in ihrem Darm. Genauer in der sogenannten Honigblase, auch Honigmagen oder Kropf genannt, einem sehr dehnbaren Abschnitt am Ende der Speiseröhre. Ist die Honigblase prall gefüllt, drängt die Biene die anderen Organe im Hinterleib auf das Engste zusammen. Die Honigblase kann bis zu 0,05 Milliliter Flüssigkeit fassen – das ist etwa die Hälfte des

Die Spenderbiene (links) bietet der Empfängerbiene eine Portion Honig an, die, versetzt mit dem Duft der Königin, zugleich anzeigt, dass eine gesunde Königin im Volk ist.

eigenen Körpergewichts einer Sammelbiene. Auf dem Weg vom Mund in die Honigblase werden dem Nektar Enzyme beigemengt, die diesen bereits im Bienenkörper zu einer Vorstufe des Honigs verwandeln – die Bezeichnung „Honigblase" ergibt also durchaus Sinn.

Zurück im Bienenstock wird der Inhalt der Honigblase wieder hochgewürgt, an Abnehmerbienen weitergegeben, zu fertigem Honig verarbeitet und in den Honigfluss zwischen allen Bienen eingebracht.

## DIE SPANNENDE ROLLE DES PROVENTICULUS

Ganz am hinteren Ende der Honigblase entscheidet sich, welchen Anteil der gesammelten Ausbeute die Sammlerin für ihren Eigenbedarf behält und welchen Teil sie dem Bien zur Verfügung stellt. Durch ein kleines Ventilchen, der sogenannte Proventriculus, entscheidet die Biene, wieviel Inhalt der Honigblase für die eigene Verwendung in den Mitteldarm gelangen soll. Der Proventriculus ist ein mikromechanisches Wunderwerk – eine winzig kleine Konstruktion aus dem Erfindungsreichtum der Natur. Er besteht aus vier jeweils paarweise gegenüberliegenden winzigen Klappen, ähnlich unseren Herzklappen, die den Durchgang undurchlässig abschließen können. Dieser Durchlass ist mit feinsten Filterhärchen besetzt, die aus dem Inhalt des Honigmagens Partikel entfernen.

Das Spannende daran: Im Gehirn der Honigbienen gibt es keine Struktur, aus der auf ein Sozialverhalten der Bienen geschlossen werden kann. Der Proventriculus des Bienendarmes ist das Organ, an dem sich das Spiel von Eigennutz und Selbstlosigkeit der Sammelbienen ablesen lässt und so verrät, wie sozial die Bienen wirklich sind. Beschließt eine Biene, ihren Honig nicht mit den anderen zu teilen, enthält sie ihnen also nicht nur Nahrung, sondern auch wichtige Informationen vor.

# NICHT GANZ VOLLTANKEN, BITTE!

*Honig ist der Betriebsstoff des Bienenvolkes. Mehr als 80 % des Honigs, den ein Bienenvolk produziert, wird in Wärme umgewandelt, damit sich die Puppen im Brutnest bei etwa 35 °C entwickeln können. Im Winter wird die Energie, die im Honig steckt, dazu genutzt, die Temperatur der sogenannten Wintertraube an keiner Stelle unter eine Temperatur von 10 °C abfallen zu lassen. Aber wofür benötigt jede einzelne Biene Honig?*

Eine Sammelbiene, die die Flugentfernung zum Blütenziel kennt, betankt sich lediglich mit der Menge an Honig, um dieses Ziel zu erreichen.

Am deutlichsten ist der Honigverbrauch der Sammelbienen auf ihren anstrengenden Ausflügen. Zunächst ist klar, dass der Verbrauch an Honig nicht größer sein darf als die Menge an Energie, die eine Sammelbiene mit dem Nektar zurück ins Nest bringt. Das bedingt die maximale Reichweite der Ausflüge der Bienen, wenn sie von ihrem Stock aus in einem Zug zu einem entfernten Ort fliegen. Weiter als zehn Kilometer geht nicht. Von einem derart weit entfernten Sammelort bringt man schon sehr wenig „Gewinn" für das Bienenvolk zurück. Wo es möglich ist, bevorzugen die Bienen deshalb auch einen maximalen Sammelradius von zwei bis drei Kilometer.

## PRÄZISES BETANKEN VOR DER SAMMELTOUR

Bevor Sammelbienen ins Feld aufbrechen, werden sie in der Regel von Stockgenossinnen mit Honig betankt. Dieses „Mund-zu-Mund-Betanken" wird als Trophallaxis bezeichnet (siehe Foto S. 75). Der „Tank" ist der Honigmagen der Bienen, ein stark dehnbarer Abschnitt des Darmes im Hinterleib der Bienen.

Eine Situation, in der sich erforschen lässt, mit welcher Tankfüllung sich Sammelbienen auf ihre Tour begeben, sind die Flüge zu einer künstlich eingerichteten Futterstelle. Werden Bienen auf eine solche Futterstelle hin dressiert, kennt nicht nur der Forscher die Entfernung zwischen dem Bienenstock und diesem Ziel, sondern auch die erfahrenen Bienen.

Die spannende Frage ist: Mit wie viel Honig lässt sich eine solche Biene vor dem Flug dorthin betanken? Im Idealfall mit genau der Menge Honig, die bis zum Ziel komplett verbraucht ist, damit der dann vollkommen leere „Tank" mit Sammelgut bis zum Rand aufgefüllt werden kann. Davon wird sie für den Heimflug dann einige Energie abzweigen, aber wenn der Flug kürzer als etwa zehn Kilometer ist, bringt sie einen Nettogewinn nach Hause.

Forscher in Japan (Harano et al., 2013) haben dazu eine Untersuchung durchgeführt und herausgefunden, dass in der Tat die Menge an Honig, mit der die Sammelbienen auf den Flug zum Futterplatz aufbrechen, exakt um so viel vermehrt oder vermindert wird, wie die Länge der Flugstrecke verlängert oder verkürzt wird. Zur genauen Einstellung der „Tankmenge" müssen die Bienen vorab einige Runden geflogen sein. Wenn sie dann eine neue Streckenlänge genau kennen, passen sie die „Tankfüllung" an.

## VERMITTELT DER SCHWÄNZELTANZ DIE STRECKENLÄNGE ZUR FUTTERSTELLE?

Ebenso spannend ist nun eine Anschlussfrage, die mit der „Sprache der Bienen" zusammenhängt (siehe dazu auch S. 46 ff.). Diejenigen Bienen, die auf einen Futterplatz dressiert worden sind, führen im Bienenstock den sogenannten Schwänzeltanz auf, mit dem sie Stockgenossinnen als weitere Sammelbienen dorthin anwerben wollen. Nach der klassischen Vorstellung über den Schwänzeltanz erfahren Nachtänzerinnen aus dem Tanz, wo die Futterstelle liegt, für die getanzt wird. Wenn das so ist, sollten die rekrutierten Neulinge ebenso wie die erfahrenen Bienen vor dem Start zum Sammelflug die Länge der Stecke kennen, die sie nun zurücklegen müssen, und sich ebenso, wie die bereits erfahrenen Bienen, mit der optimalen „Tankfüllung" auf den Weg machen. Das hochinteressante Resultat der Bestimmung der „Tankfüllung" der Rekruten war: Sie nehmen ein Vielfaches der Menge an Honig auf, als sie für einen einfachen direkten Flug zu diesem Ziel benötigen. Das kann eigentlich nur bedeuten, dass die im Tanz angeworbenen Rekruten die Länge der Flugstrecke nicht aus dem Tanz ablesen können. Dieses aufregende Resultat aus einer Forschungsarbeit zum „Betanken" der Bienen bildet einen der vielen Bausteine in neuen Überlegungen dazu, wie es sich mit der „Sprache der Bienen" verhält.

# DAS BRUTNEST ALS TREIBHAUS

*Honigbienen regeln die Brutnesttemperatur für das Puppenstadium sehr stabil auf circa 35 °C. Dafür setzen sie zwei unterschiedliche Verhaltensstrategien ein.*

Entweder Heizerbienen pressen ihren warmen Thorax auf die unter ihnen liegenden Deckel verschlossener Puppenzellen. Oder, was zu einer sehr viel effektiveren Nutzung der Bienenwärme führt, Heizerbienen stecken mit dem Kopf voran in leeren Zellen des Brutnestes. Diese Heizerbienen, die leere Zellen zwischen gedeckelten Puppenzellen besetzen, geben ihre Wärme an die umliegenden Zellen und an die auf der Gegenseite der Wabe liegenden ab. Dabei erreichen die Heizerbienen Körpertemperaturen von bis zu 41 °C. Die Puppen in den beheizten Zellen werden dabei bis auf 35 °C erwärmt. Haben die Heizerbienen die leeren Zellen verlassen, sind die erwärmten Puppen in dieser Zeit selbst Wärmequellen.

https://webcode.ulmer.de/artikel.dll?WEBCODE=11057

Was die Wärmebildkamera aufdeckt: Die Fähigkeit der Bienen, ihre Flugmuskulatur auf mehr als 40 °C hochzuheizen, wird eingesetzt zum Wärmen der Brut, beim Wabenbau, beim Eindicken von Honig und zum „Abkochen“ feindlicher Eindringlinge. Eine Wespe, die gegen Ende des ersten Drittels des Filmes von links oben in das Bienenvolk eindringt, zieht einen Kometenschweif sie totheizender Bienen hinter sich her.

## WEGE DER WÄRMEÜBERTRAGUNG

Es stellen sich zwei Fragen: Welchen physikalischen Übertragungsweg der Wärme setzen die Bienen ein? Und: Wie kann ein rasches Auskühlen einzelner Zellen gebremst werden?

Eine Wärmeübertragung von den Heizerbienen auf die Puppen kann grundsätzlich auf zweierlei Weisen geschehen: durch Wärmeleitung über die Wachswände und durch Wärmestrahlung. Beide Größen wurden von Marco Kleinhenz im Zuge seiner Doktorarbeit in Würzburg vermessen.

Für die Wärmeleitfähigkeit von Wachs erhielt er dabei Werte von 0,15 Watt/Meter × Kelvin, ein Wert, der mit massivem Holz vergleichbar ist (der Wert für Holzfaserdämmplatten liegt bei 0,05 W/m × K, der Wert für Stahl liegt um die 50 W/m × K). Wachs isoliert also sehr gut, seine Wärmeleitfähigkeit ist demnach zur Wärmeübertragung über die Wabe nicht gut geeignet.

Sehr viel besser steht es um die Durchlässigkeit der Wände der Wabenzellen für Wärmestrahlung, deren Details sogar die spannende Möglichkeit eines Treibhauseffektes im Brutnest eröffnen.

## DER TREIBHAUSEFFEKT

Der Treibhauseffekt tritt immer dann auf, wenn die Durchlässigkeit von Materialien und Gasen für Strahlungen unterschiedlicher Wellenlängen abhängig ist von der Wellenlänge der Strahlung. Im langwelligen Bereich ist Strahlung gleichbedeutend mit Wärme, sodass durch den Treibhauseffekt ein Raum für die Einstrahlung zu einer Wärmefalle werden kann, aus dem es keine oder nur eine geringe Ausstrahlung gibt. Bei den Temperaturen, wie sie auf der Erde normalerweise auftreten, liegt das Maximum der Strahlungswellen im infraroten Bereich und ist somit für unser Auge und das der Biene nicht sichtbar.

Die Durchlässigkeit eines Materials für Wärmestrahlung wird mit einer Apparatur gemessen, deren Kernstück die sogenannte Ulbrichkugel ist, deren Strahlenführung es erlaubt zu bestimmen, welche Wellenlängen die Probe, hier die Wachswände, durchdringen und welche nicht.

Für den Temperaturbereich 30–45 °C, der die im Brutnest auftretenden Temperaturen und die dadurch festgelegten Wellenlängen der Wärmestrahlung beinhaltet, ergab sich ein höchst interessantes Spektrum der Durchlässigkeit (Transmission) der seitlichen Zellwände einer Brutwabe für Wärmestrahlung unterschiedlicher Wellenlängen und damit unterschiedlicher Temperaturen.

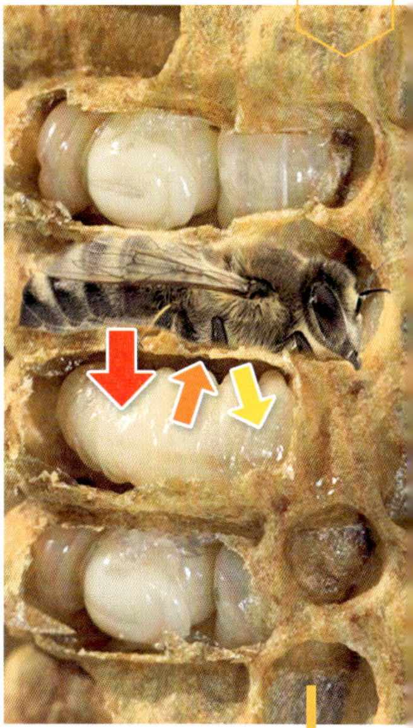

Schema des Treibhauseffektes im Brutnest der Honigbienen. Puppen werden durch benachbarte Heizerbienen erwärmt (roter Pfeil). Sie selbst geben von dieser so erhaltenen Wärme wiederum Wärme mit etwas niedrigerer Temperatur an ihre Umgebung innerhalb der Zelle ab (orangefarbener Pfeil). Die physikalischen Eigenschaften der Wachswände begünstigen eine Speicherung der Wärme in den Zellen (gelber Pfeil – Treibhauseffekt).

## DIE SCHLUSSFOLGERUNG AUS DEN MESSUNGEN

Alle Bausteine zum Auftreten des Treibhauseffektes im Brutnest sind vorhanden. Die Heizerbienen sind wärmer als die Puppen, geben also Wärme in Richtung Puppen ab. Die Puppen, die aufgewärmt werden, sind selbst wiederum Wärmequellen, allerdings bei niedrigerer Temperatur als die Heizerbienen. Ihre Wärmestrahlung ist längerwellig als die der heizenden Bienen.

Da die Transmissionskurven des Wachses im relevanten Frequenzbereich und damit bei den Temperaturen im Brutnest sehr dicht beieinanderliegende extreme Sprünge zwischen 0 % und 90 % Durchlässigkeit aufweisen, kann Wärme etwas höherer Temperaturen in die Brutzellen hinein-, solche etwas niedrigerer Temperatur aber nicht mehr hinausgelangen. Es entsteht ein Treibhauseffekt, die Wärme bleibt gefangen.

# ÜBER DAS FORTPFLANZUNGSMONOPOL DER BIENENKÖNIGIN

*Im Bienenvolk ist die Königin das einzige weibliche Wesen, das befruchtete Eier legt. Die weiblichen Arbeiterbienen im Stock sind im Normalfall alle unfruchtbar. Doch warum ist diese Vormachtstellung der Bienenkönigin wichtig, und warum ist das gut für das Erbgut?*

Kurz nachdem eine neue Bienenkönigin geschlüpft ist, begibt sie sich auf ihren Hochzeitsflug. Hier locken sie und weitere Jungköniginnen aus anderen Kolonien bis zu 20.000 fremde Drohnen an, um sich zu paaren (siehe auch S. 82). Diese Begattung, bei der eine Jungkönigin bis zu zehn Millionen Spermien von etwa zehn bis 15 (manchmal sogar mehr) Eroberern aufnimmt, findet nur einmal in ihrem Leben statt. Die so gesammelten Spermien reichen aus, um genügend befruchtete Eier

Eine gesunde Arbeiterin beim Schlüpfen. Sie wird ein Leben lang darauf verzichten, Eier zu legen – Ausnahmen kommen vor.

zu produzieren. Zurück im Stock legt die Königin ihre Eier ab, dabei je eines in eine Wabenzelle. Hier entscheidet sie je nach Größe der Zelle, ob eine männliche oder eine weibliche Biene entstehen soll. In schmalere Zellen legt sie je ein von einem Spermium befruchtetes Ei ab. Aus diesen Eiern schlüpfen die weiblichen Bienen, also die Arbeiterinnen. Die Eier in den breiteren Zellen werden nicht befruchtet und entwickeln sich zu neuen Drohnen.

## VERWIRRENDE VERWANDTSCHAFTSVERHÄLTNISSE, GENETISCHER VORTEIL

Alle Bienenarbeiterinnen im Stock sind Geschwister mit unterschiedlichen Vätern, aber derselben Mutter. Die geschilderte Art der Geschlechtsbestimmung führt dazu, dass sich die Schwestern untereinander genetisch ähnlicher, also näher miteinander verwandt sind, als die Töchter und ihre Mutter. Die besonderen Verhältnisse der genetischen Verwandtschaft im Bien sind demnach der Grund dafür, dass unfruchtbare Arbeiterbienen ihr eigenes Erbgut durch Schwestern erfolgreicher verbreiten, als wenn diese eigene Nachkommen bekämen. Die Bienenkönigin sondert ein Pheromon ab, das bei der Weitergabe des Honigs von Arbeiterbiene zu Arbeiterbiene im Volk verteilt wird und alle weiblichen Bienen unfruchtbar macht. Dieser scheinbaren Unterdrückung der Arbeiterinnen steht aber deren genetischer Vorteil durch die Aufzucht von Geschwistern entgegen.

Trotzdem kommt es vor, dass auch Arbeiterinnen Eier legen. Dies geschieht allerdings sehr selten und meist nur in Notfällen – beispielsweise wenn die Königin stirbt. In einem intakten Bienenvolk werden diese Eier erkannt, sofort zerstört und gefressen. Dieses Verhalten hat auch einen guten Grund.

Verhindert man die Zerstörung von Eiern, die von Arbeiterinnen gelegt wurden, und vergleicht deren Entwicklung mit der von Königin-Eiern, wird nämlich ein anderer positiver Aspekt der alleinigen Fortpflanzung durch die Königin sichtbar: Es fällt auf, dass aus nahezu allen Königinnen-Eiern gesunde Larven schlüpfen, aber lediglich aus einem Viertel der Eier, die Arbeiterinnen gelegt haben. Drei Viertel dieser Eier entwickeln sich nicht, sie sterben ab.

Die alleinige Fortpflanzung durch die Königin garantiert also einen reinen und effektiven Fortbestand des Bienenvolkes.

# WIE SICH HONIGBIENEN ZUM SEX FINDEN

*Honigbienen haben keinen Sex, um sich zu vermehren, denn das geschieht durch die Teilung der ganzen Völker durch das Schwärmen. Vielmehr dient der Sex zur Durchmischung des Erbgutes der Bienenpopulationen, da in den befruchteten Eiern, aus denen die weiblichen Bienen entstehen, mütterliche und väterliche Allele der Gene durch den Zufall gut gemischt zusammenkommen.*

Die Durchmischung des Erbgutes käme nicht zustande, wenn sich jungfräuliche Königinnen und Drohnen inzuchtartig innerhalb der gleichen Kolonie paaren würden. Tatsächlich vermeiden die Honigbienen Inzucht, indem sich die paarungsbereiten Jungköniginnen und die Drohnen der Kolonien einer Region in der Luft auf sogenannten Drohnensammelplätzen treffen. Dieses höchst spannende Detail im Leben der Bienen birgt noch immer viele Rätsel, aber es gibt auch Beobachtungen und plausible Überlegungen, die ein schlüssiges Bild ergeben.

## PHÄNOMEN DROHNENSAMMELPLATZ

Der etablierte Begriff „Drohnensammelplatz“ trifft nicht wirklich den Kern, denn es handelt sich um die Paarungsplätze der Bienen. Auch die jungfräulichen Königinnen versammeln sich dort, allerdings mit ganz wenigen Individuen im Gegensatz zu den Tausenden Drohnen, die in der Luft regelrechte Wolken bilden und auch uns Menschen durch laute Fluggeräusche auf diese Ereignisse aufmerksam machen. Am erstaunlichsten ist die Tatsache, dass Drohnensammelplätze über viele Jahre an den gleichen Orten zu finden sind. Es sind aber immer andere Bienengenerationen, die dort auftauchen. Das heißt, diese Orte können nicht aufgefunden werden, indem man sie durch erfahrene Bienen kennenlernt. Die Bienen machen es auf Anhieb richtig.

Drohnensammelplätze werden in vielen Regionen dieser Welt beobachtet. Sie können sich über Flächen mit einem Durchmesser von 30 bis zu 200 Metern erstrecken. Es sind offenbar optische Eigenheiten in der Landschaft, von denen Drohnen angezogen werden. Dabei kann es sich um exponierte Bäume oder um andere Auffälligkeiten in einer Horizontsilhouette handeln, seien es dunkle Objekte vor hellem Himmel oder helle Lücken in dunkler Front. Auch Wasserläufen, ober- oder unterirdisch, wird Leitlinienfunktion zugesprochen.

Aber es gibt auch ebenso Regionen, in denen sich das Paarungsgeschäft der Honigbienen vollkommen unauffällig vollzieht, in denen noch nie Drohnensammelplätze beobachtet worden sind. Das weckt den Verdacht, dass es sich bei den Drohnensammelplätzen um ein Phänomen handelt, das seine Ursache in einem Aggregationsverhalten der Drohnen hat, falls die geländemäßigen Voraussetzungen dafür erfüllt sind. Finden sich geeignete Kristallisationskerne wie die genannten optisch auffallenden Landmarken, ergeben sich stabile Drohnensammelplätze, ansonsten geht es auch ohne.

Aber selbst in Regionen, in denen es Drohnensammelplätze gibt, lässt sich beobachten, dass diese fliegenden massiven Drohnenkonzentrationen nicht ortsstabil sind, sondern großräumig relativ rasch über einer Landschaft wandern können. Drohnenansammlungen sind zu sehen, lösen sich auf, bilden sich kurze Zeit später woanders, lösen sich wieder auf und tauchen danach an einer dritten Stelle auf. Die Landschaft erscheint wie mit einem dichten Drohnennetz überzogen, das sich hin und wieder stellenweise zu engen Knoten zusammenzieht.

Neueste Forschungen haben Drohnen mittels Radartechnik auf ihren Flügen zu den Drohnensammelplätzen verfolgt. Dabei zeigte sich, dass die Tiere nicht nur an den immer gleichen Orten auftauchen, sondern dass sie dorthin auch die gleichen Routen wählen. Nicht minder spannend ist ein weiteres Resultat der Forschergruppe: Die Drohnen suchen pro Ausflug nicht selten mehrere Drohnensammelplätze nacheinander auf. Woher kennen sie die Lage dieser Orte? Wie finden sie diese? Das sind nach wie vor ungeklärte Fragen.

Ein Drohn, der mit seinen riesigen Augen die dunkle Silhouette der fliegenden Königinnen gegen den hellen Himmel erkennt. Mit seinem Geruchssinn auf den Fühlern nimmt er die Lockstoffe der Königinnen wahr und kann deren Spur im Flug verfolgen.

## HOCHZEITSFLUG NUR MIT GELEIT

Jungfräuliche Königinnen haben das gleiche Problem: Wie finden sie die Orte, an denen hoch in der Luft die Paarungen stattfinden? Sie verlassen ihr Volk im Alter von etwa einer Woche ein- oder mehrmals für eine Zeitspanne von in der Regel wenigen Minuten, aber durchaus auch bis zu einer Stunde. Nach erfolgter Paarung kehren sie zur Kolonie zurück. Die Paarungs-„Luftnummer" ist für die Jungkönigin und damit für die gesamte Kolonie, deren fliegende weibliche Gameten die Königin darstellt, extrem riskant, denn Bienen werden im Flug von vielen Räubern angegriffen. Dabei muss man nicht einmal an Spezialisten wie den „Bienenwolf" denken, eine Wespenart, deren Weibchen einzelne Bienen fangen und als Proviant für ihre Larven in Erdröhrchen stecken. Auch zahlreiche Vögel fangen Honigbienen und lernen, gefahrlos mit dem Giftstachel der Bienen umzugehen.

Soll also die Jungkönigin, dieses dünne Fädchen, das die Kolonie mit ihrer Zukunft verbindet, dieses Resultat der gemeinsamen Anstrengung aller Bienen einer Kolonie, vollkommen allein in der gefahrvollen Welt außerhalb der Kolonie unterwegs sein? Das ist schwer vorstellbar. Die Bienenkolonien haben für jede denkbare Problematik optimale Lösungen hervorgebracht und sollen ausgerechnet für diese Schlüsselsituation im Leben des Superorganismus keinen Weg gefunden haben, ihre Zukunft besser abzusichern?

Geduldige Beobachter können den Zeitpunkt erwischen, an dem eine Jungkönigin auf Hochzeitsflug geht. Die jungfräuliche Königin verlässt mit einer Gruppe von bis zu 20 Arbeiterinnen zu Fuß das Nest bis vor die „Haustür", worauf diese Gruppe sofort losfliegt. Nach erfolgter Paarung kehrt sie auch nicht allein, sondern wiederum mit einer kleinen Gruppe Arbeiterbienen zum Nest zurück. Diese „Flugbegleiter" könnten den Königinnen einen zweifachen Vorteil bringen. So lässt sich spekulieren, dass erfahrene Arbeiterinnen, die im Gegensatz zur Königin durch ihre Sammelflüge die Umgebung gut kennen, die Führung zu den Sammelplätzen übernehmen. Durch den sogenannten „Heringsschwarm-Effekt" senken sie das Risiko für die Königinnen, in der Luft von einem Räuber ergriffen zu werden.

Ob das aber alles so zutrifft, was genau sich im Feld abspielt und welche Rolle die Arbeiterinnen dabei übernehmen, entzieht sich noch immer unserer Kenntnis.

# WIE HITZEEMPFINDLICH SIND DIE SPERMIEN VON HONIGBIENEN?

*Honigbienen haben vor vielen Jahrmillionen die Samenbank erfunden. Gelagert werden die Spermien dabei im Bienenkörper. Ob die Samen überleben, hängt stark von der Lagertemperatur ab. Durch die Jahreszeiten variiert diese teilweise stark. Doch welche Temperaturen sind für die Lebensfähigkeit der Spermien zu hoch?*

Jungfräuliche Königinnen erhalten auf dem einzigen Hochzeitsflug ihres Lebens einen Vorrat an Spermien – im Extremfall von bis zu 30 Drohnen (siehe auch S. 82). Viele Millionen Spermien werden in der sogenannten Spermatheka (Samentasche) der Königin gespeichert und bleiben dort bis zu fünf Jahren am Leben und einsatzbereit. Das Frischhalten von Spermien über eine so lange Zeit ist keine Trivialität. Man denke nur an den technischen Aufwand, den der Mensch für das gleiche Ziel mit seinen eigenen Samenbanken betreiben muss.

## TEMPERATUREMPFINDLICHKEIT UND VITALITÄT: RELEVANTE SITUATIONEN

Wie für jedes tierische Gewebe und jeden Zelltyp gibt es eine Temperatur-Obergrenze, ab der die Zellen absterben. Spermien sind besonders empfindlich, was in der Evolution zur Auslagerung der Hoden aus dem Körper männlicher Säugetiere führte. Die Spermien von Honigbienen sind nur für kurze Zeit im Körper der Drohnen vorhanden, werden dafür aber über viele Jahre im Körper der Königinnen gehalten. Sie sind hinsichtlich der Temperaturempfindlichkeit keine Ausnahme. Es gibt drei Situationen, denen begattete Königinnen und Drohnen ausgesetzt sein können und in denen der Temperaturfaktor für die Vitalität der Spermien relevant ist:

**Das Leben im Bienenstock:** Dort sorgt das Bienenvolk für eine Homöostase, eine fein geregelte Optimaltemperatur, die auch den Spermien in den Bienenkörpern eine günstige Umgebung garantiert. Untersuchungen haben gezeigt, dass bei einer Dauertemperatur innerhalb einer Temperaturspanne zwischen 15 und 35 °C etwa 90 %

Honigbienenkönigin
mit Hofstaat.

aller Spermien überleben. Kurzfristige Kälte- bzw. Hitzewellen unter- oder oberhalb dieser Grenzen schaden nicht, wenn deren Ausprägung nicht zu groß ist – wie gleich besprochen wird. So ist die Temperatur, die im Bienennest im Sommer sowie im Winter existiert, nie ein Problem für die Vitalität der Spermien.

**Der postalische Versand lebender, begatteter Königinnen:** Dieses Vorgehen ist eine wesentliche Säule weltweiter Imkerpraxis. Solange sich die Körpertemperatur der Königin im angegebenen Toleranzbereich bewegt, ist nach allen vorliegenden Befunden auch da kein Problem bei den Spermien zu erwarten.

**Die Thermobehandlung:** Die sogenannte „Bienensauna" gilt als physikalische Methode zur Bekämpfung der parasitischen Varroamilbe. Das Problem, das es in der Praxis dabei zu lösen gilt, besteht im dichten Miteinander von Bienen und Milben, wobei die einen getötet und die anderen möglichst nicht geschädigt werden sollen. Der empfindlichste Zelltyp sind die Spermien in den Körpern der Königinnen und, sofern vorhanden, der Drohnen. Auf sie muss dabei das größte Augenmerk gerichtet werden.

## KURZ, ABER HEISS

Eine aktuellere Publikation (Kablau et al., 2020) hat dazu Folgendes ergeben: Eine Temperatur im Inneren des Bienenstockes von 42 °C über eine Dauer von drei Stunden tötet die Milben ab. Aber: Auch die Bienenbrut wird massiv betroffen. Senkt man die Temperatur im Inneren des Nestes um lediglich 1 °C auf 41 °C ab, wirkt sie dennoch stark schädigend auf adulte Varroen, sodass deren Reproduktionszyklus unterbrochen wird. Dieses Resultat erhielten die Autoren auch noch bei 41 °C über lediglich zwei Stunden Einwirkzeit. Bei einer derart kurzen, aber „heißen" Phase zeigt sich die Fertilität der Drohnen nicht beeinträchtigt. Man könnte daraus vorsichtig schließen, dass ein Auftreten derartiger Temperaturspitzen, auch beim Versand begatteter Königinnen, ohne Schadwirkung auf die Spermien bleibt. So ist zumindest dieser Aspekt in der Praxis des weltweiten Handels mit Honigbienenköniginnen nicht der kritischste Punkt.

# VON VETTERNWIRTSCHAFT UND FAULEN EIERN

*Die Tatsache, dass alle Mitglieder einer Honigbienen-Kolonie die Kinder einer einzigen Mutter, der Königin, sind, aber mehrere Väter besitzen, sowie die besondere Art der Bestimmung, welches Geschlecht eine heranwachsende Biene bekommt, führen zu komplexen Verwandtschaftsverhältnissen im Bienenvolk.*

Wird ein Ei besamt (diploid), entsteht eine weibliche Biene, bekommt ein Ei kein Spermium ab (haploid), entsteht eine männliche Biene, ein Drohn. Die jungfräuliche Königin wird auf ihrem einzigen Hochzeitsflug von mehreren Drohnen begattet, mit der Folge, dass sich deren weiblicher Nachwuchs aus Vollschwestern (gleiche Mutter, gleicher Vater) und Halbschwestern (gleiche Mutter, unterschiedliche Väter) zusammensetzt.

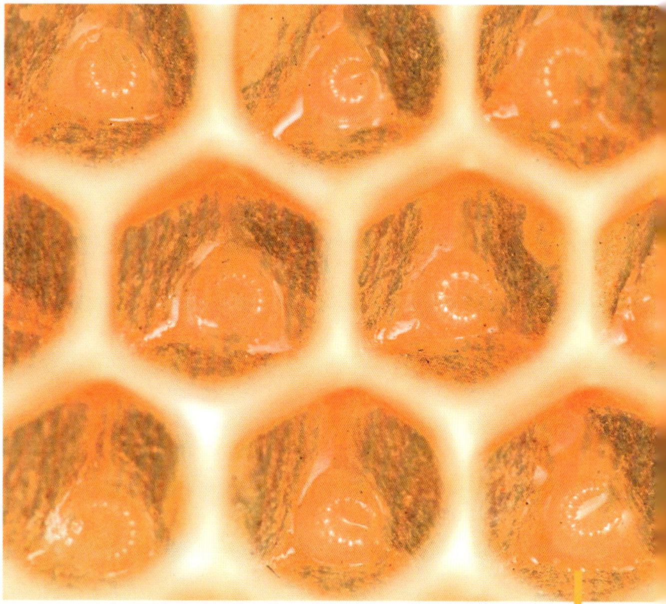

Die Königin und manchmal sogar eine Arbeiterin legt je ein Ei in die Zellen im Brutnest.

Eine derartige Zusammensetzung einer Bienenkolonie hat Folgen für das Verhalten der Bienen untereinander, die Voraussetzung zum Entstehen von „Vetternwirtschaft" ist günstig. Tatsächlich gibt es Anhaltspunkte dafür, dass Vollschwestern eher dazu neigen sich zu unterstützen als Halbschwestern. Registriert man, welche Bienen sich zum „Ballett" in den Bienentänzen zusammenfinden, zeigt sich eine Tendenz, dass eher Voll- als Halbschwestern sich gemeinsam im Schwänzeltanz drehen.

Wenn Bienen in ihrem Verhalten gegenüber Vollschwestern anders auftreten als gegenüber Halbschwestern, setzt das voraus, dass die Bienen zwischen diesen beiden Gruppen unterscheiden können. Sucht man nach typischen Merkmalen, die für eine solche Unterscheidung in Betracht kommen, stößt man auf die Chemie der äußeren Oberfläche des Bienenkörpers. Dieser ist, wie bei allen Insekten, von einer Wachsschicht überzogen (siehe auch S. 19). Eine chemische Analyse der Zusammensetzung dieser Wachsschicht ergibt Unterschiede, die Vaterlinien-spezifisch sind. In Dressurversuchen konnte gezeigt werden, dass Honigbienen mit ihren auf den Fühlern sitzenden Sinnesorganen bereits geringe Unterschiede in der Wachszusammensetzung erkennen können.

## WER HAT WELCHES EI GELEGT? DIE ARBEITERINNEN-EIER

Bei Honigbienen, und da insbesondere bei südafrikanischen Rassen, kommt es nicht selten vor, dass auch Arbeiterinnen Eier legen. Diese sind unbesamt, es können also ausschließlich Söhne entstehen. Es ist nun extrem spannend, dass solche haploiden Eier von anderen Arbeiterinnen aufgefressen werden. Basierend auf dieser Beobachtung wurde eine anspruchsvolle Theorie entwickelt, die dieses Verhalten erklären soll. Der Kern der Überlegung ist ein Resultat statistischer Berechnungen: Arbeiterinnen sind mit den Söhnen ihrer Mutter genetisch näher verwandt als mit den Söhnen ihrer Schwestern. Also werden nur die haploiden Eier der Königin geduldet, die anderen werden aufgefressen. Die Arbeiterinnen müssen diesen Überlegungen folgend in der Lage sein, bereits an den Eiern zu erkennen, wer welches Ei gelegt hat. Die nachgewiesene Unterscheidungsfähigkeit der Oberflächenwachse, die auch die Eier überziehen, lässt dies möglich erscheinen.

Es gibt aber auch eine andere mögliche Ursache für die Vernichtung von Arbeiterinnen-Eiern. Eine deutsch-südafrikanische Forschergruppe hat nachgewiesen, dass die Eier, die von Arbeiterinnen gelegt wurden, eine deutlich geringere Überlebensrate hatten als die Eier der Königin (Pirk, Neumann, Hepburn, Moritz, Tautz, 2004). Die Absterberate der Eier, aus denen dann folglich keine Larven mehr schlüpfen konnten, war bei den Arbeiterinnen-Eiern etwa vierfach so hoch wie bei Königinnen-Eiern. Da Arbeiterinnen im Brutnest tote Larven erkennen und aus dem Bienenstock entfernen, überrascht es nicht, wenn sie diese Fähigkeit und dieses Verhalten bereits bei den Eiern ihrer Schwestern einsetzen. Auf jeden Fall ist die Aufgabe für die Bienen, „faule" Eier zu erkennen, einfacher, als den Grad der verwandtschaftlichen Beziehung zu einem Ei und damit einem kommenden Drohn auszumachen.

# TANZEN, PIEPEN, HEIZEN – DIE KOMPLEXE STARTVORBEREITUNG FÜR DEN BIENENSCHWARM

*Zu den eindrucksvollsten Erlebnissen mit einem Bienenvolk gehört der Start eines Schwarmes. Hat die alte Königin mit bis zu 20.000 Begleiterinnen das alte Nest verlassen, wird zunächst in der Nähe der ehemaligen Adresse ein Zwischenlager eingelegt. Von hier aus starten Scout-Bienen auf die Suche nach einer neuen Unterkunft.*

Zunächst zeigen erfolgreiche Scoutbienen auf der Oberfläche der Schwarmtraube durch Tänze ihre jeweiligen Entdeckungen an. Durch einen internen Abstimmungsprozess, den Thomas Seeley so wunderbar erforscht und beschrieben hat, wird am Ende dann nur noch für die beste unter allen entdeckten Unterkünften geworben.

Bienenschwarm.

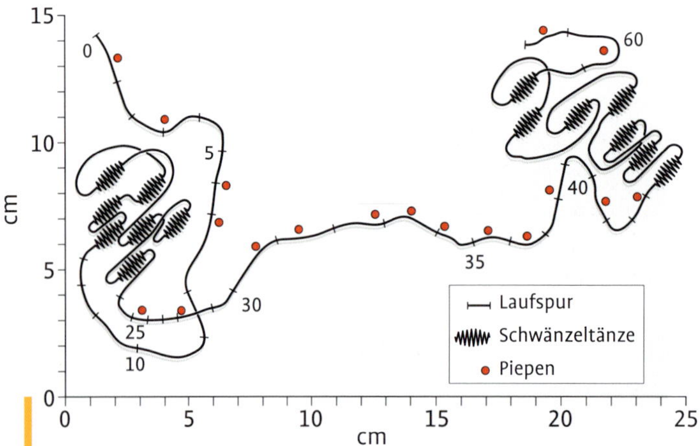


Signale einer Arbeiterin, die mit Schwänzeltänzen (Wellenmuster) für eine neue Wohnung wirbt und mit Piepen (Punkte – der QR-Code führt zum Sound-File) den Schwarm zum Aufheizen bringt, während sie auf der Schwarmtraube herumläuft. Um alle Bienen, auch die tief im Inneren der Schwarmtraube anzupiepen, quetschen sich solche Bienen dann auch piepend in den Schwarm hinein. Der Zeitverlauf ist mit Strichen und Ziffern in Sekundenabständen angegeben (nach Seeley und Tautz, 2001).

Doch was geschieht zwischen der Festlegung auf ein Ziel und dem tatsächlichen Aufbruch der Bienen? Der gleichzeitige Aufbruch aller muss zeitlich koordiniert werden. Eines der dabei zu lösenden Probleme besteht darin, dass zunächst nur wenige Bienen auf der Oberfläche der Schwarmtraube erfahren, dass überhaupt getanzt wird. Ganz zu schweigen von der überwältigenden Masse der Bienen tief im Inneren der Schwarmtraube, die nichts davon mitbekommen, was oben los ist.

Wie der Bien die Situation in den Griff bekommt, haben Thomas Seeley und Jürgen Tautz gemeinsam mit Doktoranden erforscht.

Es fällt auf, dass beim Aufbruch einer Schwarmtraube die Bienen nicht schichtweise starten. Es hätte ja durchaus sein können, dass zunächst die oberste Lage Bienen losfliegt und dies das Signal für die darunter sitzenden ist, ebenfalls loszufliegen. Und so weiter ... Doch die Schwarmtraube explodiert regelrecht, es findet kein Abblättern von außen nach innen statt.

## DIE VORGÄNGE DER REIHE NACH

Ist zwischen den Bienen die Einigung über das Ziel erfolgt, fliegen wenige Bienen, die dieses Ziel kennen, zwischen Ziel und Schwarmtraube hin und her, beduften das Ziel mit Geraniol aus der Nasanov-Drüse (siehe dazu auch Seite 33) und tanzen für das Ziel auf der Schwarmtraube. Ganz plötzlich kommt zusätzlich zu den Tänzen ein weiteres Verhalten ins Spiel. Mit empfindlichen Mikrofonen beobachtet man, dass die Tänzerinnen die Tanzfolge unterbrechen, auf den Bienen der Schwarmtraube herumlaufen und dabei in Abständen mit ihrer Flugmuskulatur kurze Pieplaute erzeugen. Später wird oft gar nicht mehr getanzt, sondern nur noch gepiept. Dann beginnen sich diese Bienen, die 1. zwischen Schwarmtraube und Ziel hin- und herfliegen und die 2. auf den Bienen tanzen und 3. zu piepen beginnen, in das Innere der Traube zu wühlen und dabei immer heftiger zu piepen.

Bienen sind taub (Seite 17), aber höchst vibrationsempfindlich. Im Inneren der Schwarmtraube sind die Bienen dichtest gepackt, jedes Piepsignal wird direkt auf die Körper der kontaktierten Bienen übertragen. Die „Pieper-Bienen“ werden dabei in ihrem Bemühen eifriger und eifriger.

Was dies bei den angepiepten Bienen bewirkt, zeigt die Betrachtung der Schwarmtraube mit einer Wärmekamera. Jede Biene, die angepiept wurde, beginnt ihre Körpertemperatur hochzuheizen. Nach etwa 30 Minuten haben alle Bienen, selbst im tiefsten Inneren der Schwarmtraube, Piepsignale abbekommen und hochgeheizt. In den letzten zehn Minuten vor dem Start des Schwarmes wird noch einmal „Vollgas“ gegeben. Ist die Gesamttemperatur der Schwarmtraube auf etwa 35 °C angekommen, ist die kritische Temperatur erreicht, der Schwarm explodiert regelrecht.

Die Laufspuren von drei piependen Bienen auf der Oberfläche einer Schwarmtraube, jeweils ein Ausschnitt von 15 Sekunden (Strichmarkierungen in Sekundenabständen. Punkte geben an, wann gepiept wurde) (nach Seeley und Tautz, 2001).

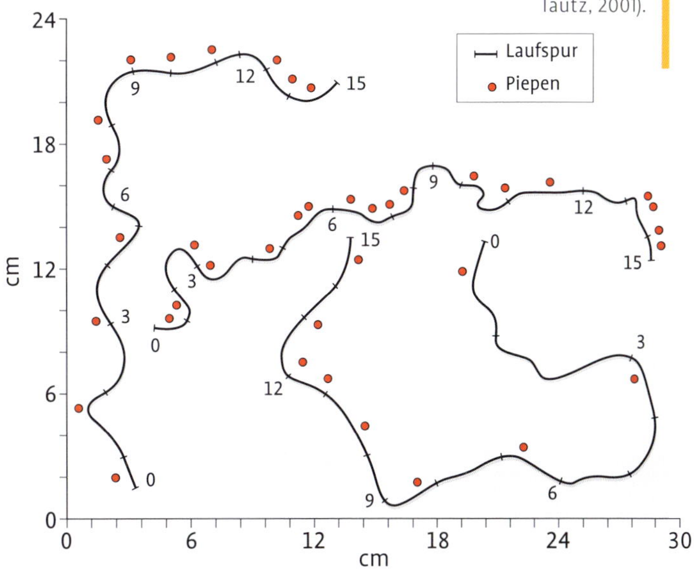


https://webcode.ulmer.de/artikel.dll?WEBCODE=11058

Heiße Bienentänzerinnen bepiepen jede Biene im Schwarm. Die bepiepten Bienen heizen sich daraufhin ebenfalls hoch und machen sich so bereit für den Aufbruch.

Die aufgebrochenen Bienen bilden zunächst am Ort des Aufbruchs in der Luft eine große kugelförmige Wolke, die dann allmählich zu einer Zigarrenform auseinandergezogen wird und in Richtung neuer Nestplatz Fahrt aufnimmt. Dabei werden sie geleitet von den wenigen Bienen, die das Ziel bereits kennen, durch Signale, die wir im Prinzip auch bei der Rekrutierung zu Futterplätzen finden.

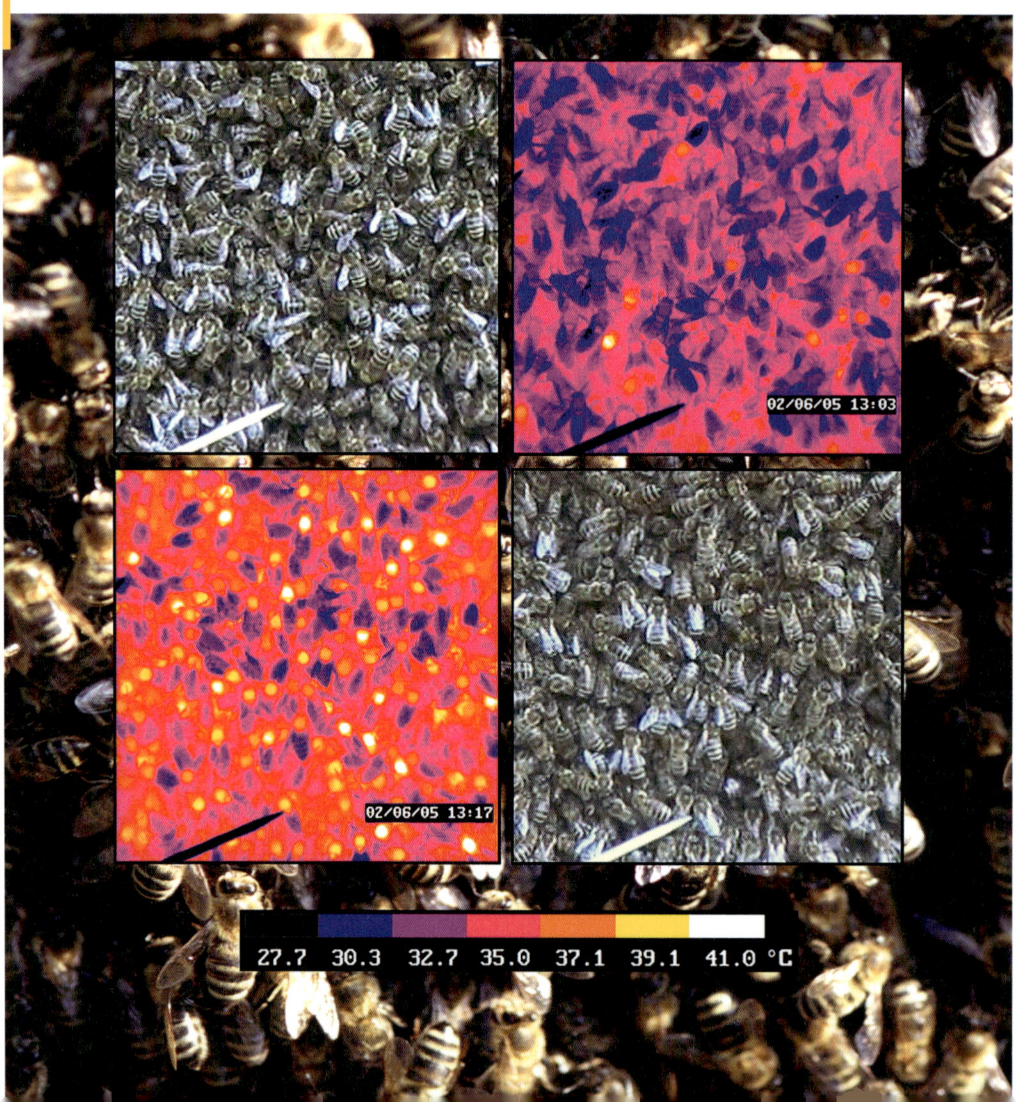


Aufheizen der Schwarmtraube auf Abflugtemperatur. Oben: Etwa 20 Minuten vor der Explosion der Schwarmtraube. Im Thermobild (rechts) ist lediglich eine einzige heiße Arbeiterin zu sehen. Unten: etwa drei Minuten vor dem Abflug aller Bienen. Nun sind fast alle Tiere aufgeheizt (aus Tautz 2014).

# EPIDEMIEN IM BIENENSTOCK – „SOCIAL DISTANCING" NICHT MÖGLICH

*Keine Tierart lebt Tag und Nacht derart dicht beisammen wie die Honigbienen in ihrer Kolonie. Eine große Anzahl Krankheitserreger und die hohe Populationsdichte in den Kolonien ergeben zusammen eine hochgefährliche Situation, in der sich schon geringste Infektionen zu rasant ausbreitenden Epidemien entwickeln. Doch wie können sich Bienen schützen?*

Die Ausbreitung von Krankheiten in Bienenvölkern erinnert an die Corona-Pandemie, unter der die Menschheit besonders in den letzten Jahren litt. Der wirksamste Schutz bestand für uns Menschen zu dieser Zeit im Abstandhalten („social distancing"). Diese Strategie ist in einer Bienenkolonie ausgeschlossen. Die Natur hat die Bienen allerdings mit einer ganzen Reihe von Möglichkeiten ausgerüstet, die das Zusammenbrechen ganzer Kolonien unter einer Krankheitslast verhindern. Bienenkrankheiten werden in der Regel durch Pathogene oder Parasiten verursacht. Pathogene sind Krankheitserreger. Bei den Honigbienen sind das vor allem Pilze, Einzeller, Bakterien oder Viren. Parasiten wie die Varroamilbe kommen dabei nicht nur als direkte Bedrohung, sondern auch als Überträger von Pathogenen in Betracht.

Honigbienen leben in einer unglaublichen Enge, in ständiger Tuchfühlung untereinander, sodass es nicht verwundern darf, dass sie im Laufe der Evolution zahlreiche Mechanismen erfunden haben, um sich erfolgreich zur Wehr setzen zu können.

Da ist zunächst die äußere Hülle der Biene, die Cuticula mit ihrer dünnen Wachsauflage, die Pathogene nur sehr schwer überwinden können. Ist diese erste Front aber von Krankheitserregern geknackt, kommt das Immunsystem der Bienen ins Spiel, das Abwehrzellen im Bienenblut aufweist und einen angeborenen molekularen Abwehrmechanismus besitzt. Diese drei Schranken findet man auch in gleicher oder ähnlicher Form bei nicht staatenbildenden Insekten.

## DER BIEN VERSTEHT SICH ZU SCHÜTZEN

Als Superorganismus verfügt die Honigbiene aber auch über Möglichkeiten, die den solitären Wildbienenarten verwehrt sind. Diese Optionen betreffen in erster Linie das Verhalten der Bienen. Es ist vor allem die Hygiene im Nest, die durch spezielle Verhaltensweisen erreicht und aufrechterhalten wird. Da ist zum einen das gegenseitige Putzen der Arbeitsbienen untereinander. Zum anderen wird das wertvollste Tier der Kolonie, die Königin, einer permanenten Körperpflege durch die Hofstaatbienen unterworfen. Vor der Eiablage wird die künftige Kinderstube gründlich gereinigt. Gibt es Todesfälle im Stock, entfernen die Arbeiterinnen die Leichen so rasch wie möglich aus dem Volk. Erkrankte Bienen werden zudem von Innendiensttieren im Nest erkannt und aggressiv behandelt. Es ist noch unklar, worauf die Identifizierung kranker Koloniemitglieder beruht. Ein verändertes Verhalten und eine veränderte Chemie der Körperoberfläche sind mögliche Faktoren, durch die solche Tiere auffallen.

Außerdem setzen Honigbienen Fremdstoffe zur Abwehr von Krankheitserregern ein. Die Propolis – die Harze, die die Bienen an Pflanzenknospen sammeln und die sie in die Waben einbauen – hat

Honigbienen leben im Bienenstock in ständigem Körperkontakt. „Social distancing" zur Bekämpfung der Ausbreitung von Krankheiten ist nicht möglich.

antibakterielle und antimykotische (gegen Pilzerkrankungen) Wirkungen. Bienen gehen in die Apotheke der Pflanzenwelt und versorgen sich dort mit Medikamenten.

Im Mittelalter haben in Europa Menschen im Falle von Epidemien die Städte verlassen und sind aufs Land gezogen. Eine Verhaltensstrategie, die die Ausbreitung von Krankheiten gebremst hat. Auch Honigbienen zeigen Verhaltensänderungen im Falle des Auftretens von Krankheiten. Eine für kranke Einzelbienen fatale Tatsache ist, dass Infektionen oder Parasitenbefall die Orientierungsfähigkeit der Tiere nachteilig beeinflussen können. Kranke Tiere finden von den Sammelflügen nicht mehr zum eigenen Volk zurück, bleiben draußen im Feld und sterben dort.

Diese Selbstreinigungsmethode des Superorganismus kann aber durchaus auch die gegenteilige Wirkung haben: Gefährlich wird es, wenn sich kranke, verstoßene Bienen in andere nahe gelegene Bienenstöcker verirren. Dieser natürlich entstandene Mechanismus zur Abstoßung kranker Tiere führt dann fatalerweise zur Verbreitung von Krankheiten in benachbarten Bienenvölkern. Dieses Problem wird durch die Wächterbienen zwar etwas gemildert, aber nicht komplett gelöst.

BIENE & UMWELT
HONIGBIENEN IM
KOMPLEXEN
NATURGESCHEHEN

# BIENEN ALS SCHÄDLINGSBEKÄMPFER

*Gefräßige Raupen können in Gärten und auf Feldern großen Schaden anrichten, wenn sich dicke Schmetterlingsraupen an den Blättern von Kohl, Salat & Co. satt fressen. Aber auch die proteinreichen Raupen selbst sind begehrte Beute.*

Unter anderem vor Faltenwespen müssen sie auf der Hut sein. Mit einem „Frühwarnsystem" aus feinsten Härchen registrieren sie die Luftbewegung, die beim Herannahen einer Wespe durch deren Flügelschlag entsteht. Die Raupen lassen sich dann auf den Boden fallen oder bleiben regungslos sitzen. So sind sie außer Gefahr – denn die Wespen jagen nur Beute, die sich bewegt.

Honigbienen haben in etwa die gleiche Körpergröße und Flügelschlagfrequenz wie Faltenwespen. Die Raupen können mit ihren einfachen Sinneshärchen nicht unterscheiden, ob sich eine gefährliche Wespe oder eine harmlose Honigbiene nähert. Kommen häufig Bienen in ihre Nähe, so bedeutet das für die Raupen ständigen Stress. Die Folge: Sie fressen bis zu 70 Prozent weniger Blattmasse als Raupen, die „bienenfrei" leben.

## EIN EXPERIMENT BELEGT DEN VERBLÜFFENDEN EFFEKT

In zwei großen Käfigen wuchsen an der Universität Würzburg Paprika und Sojabohnen. Beide Käfige waren mit den Raupen eines Eulenfalters besetzt, der bei Gemüsebauern als extremer Schädling bekannt ist. In einem Käfig durften die Raupen ungestört fressen. In den anderen konnten Honigbienen einfliegen, die dort eigens für sie platzierte Futterstellen besuchten. Der Flugverkehr störte die Raupen so sehr, dass sie bis zu zwei Drittel weniger Blätter vertilgten als die Raupen in dem anderen Käfig. Diesen Effekt könnten sich Gärtner und Landwirte zunutze machen, mit Wildblumen zwischen den Nutzpflanzen. Deren Blüten sollten vermehrt Bienen anlocken und diese wiederum die Raupen beim Fressen stören.

Übrigens: Diese neu beschriebene Rolle der Honigbienen in komplexen Naturgeschehen war vor einigen Jahren sogar der New York Times einen Artikel samt passendem Cartoon wert.

Schmetterlingsraupen werden erheblich beim Fressen gestört, wenn Honigbienen um die Vegetation fliegen.

# WAS WEISS MAN ÜBER WECHSELWIRKUNGEN ZWISCHEN BEIMKERTEN HONIGBIENEN UND SOLITÄREN WILDBIENEN?

*Zwei Tendenzen machen es erforderlich, sich mit der Frage zu befassen, ob und welcher Art Wechselwirkungen es zwischen Honigbienenvölkern und den solitären Wildbienen gibt: Zum einen steigt – regional unterschiedlich – die statistisch erfasste Anzahl an Bienenvölkern, zum anderen wird für Solitärbienen ein Rückgang der Artenzahl dokumentiert.*

Die Autoren Mallinger, Gaines-Day und Gratton haben dazu 146 Studien ausgewertet und Ende 2017 in der Fachzeitschrift PLOS ONE veröffentlicht. Die analysierten Publikationen wurden unter drei Gesichtspunkten ausgewertet:

- Konkurrenz um Blüten und um Nistplätze,
- indirekte Effekte durch Veränderungen in Pflanzengesellschaften, z. B. durch die Ausbreitung eingeschleppter Arten zu Lasten einheimischer Arten,
- Übertragung von Krankheiten und Parasiten.

Das Bild, das sich ergibt, lässt keine eindeutigen Antworten zu. Die Resultate der Studien, die sich mit einer möglichen Konkurrenz zwischen Honigbienenvölkern und Solitärbienen befassen, finden in etwa der Hälfte der Fälle negative Auswirkungen von Honigbienen, in der anderen Hälfte gar keine oder gemischte Folgen im Zusammenleben, je nach betrachteter Art der Wildbienen.

Ein ähnliches Bild ergibt sich für die Betrachtung einer Verschiebung in der Zusammensetzung der Vegetation.

Klarer ist das Bild bei der Untersuchung von Übertragungsrisiken von Krankheiten und Parasiten von Honigbienen auf Wildbienen. Hier haben sich in 70 % der Studien negative Auswirkungen auf die Wildbienen gezeigt.

Nicht-staatenbildende Insekten (hier eine Blattschneiderbiene) und Honigbienen besuchen als wichtigste Bestäuber eine riesige Blumenvielfalt. Dabei ergänzen sie sich eher, als dass sie Konkurrenten wären.

## WILDBIENE IST NICHT GLEICH WILDBIENE

Die hohe Variabilität in den Resultaten der Studien erklärt sich aus den z. T. sehr unterschiedlichen Umständen der Untersuchungen. Zum einen ist „Wildbiene" ein Sammelbegriff für einige hundert Arten, von denen viele sehr unterschiedliche Anforderungen an ihre Umwelt haben. Je nach betrachteter Wildbienenart können die Ergebnisse sehr unterschiedlich ausfallen. Auch die Beschaffenheit der Umgebung, in der die Studien durchgeführt werden, hat erwartungsgemäß einen Einfluss auf die Resultate. So finden sich auch Studien, die für bestimmte Bedingungen positive Auswirkungen von der Anwesenheit von Honigbienen auf Wildbienen finden.

Es gibt allerdings eine Erkenntnis, die sich durchgehend zeigt: Honigbienenrassen und Wildbienen kommen in den Regionen, für die die betrachtete Rasse heimisch ist, besser miteinander aus, als es bei eingeführten Rassen der Fall ist.

## WELCHE SCHLUSSFOLGERUNGEN ERGEBEN SICH FÜR DIE PRAXIS?

Um einen negativen Einfluss von beimkerten Honigbienen auf Wildbienen zu verhindern oder klein zu halten, empfehlen die Autoren dort, wo es machbar ist, einheimische Bienenrassen zu nutzen, auf eine für die entsprechende Region sinnvolle Dichte an Bienenvölkern zu achten und bei den beimkerten Bienenvölkern Krankheiten und Parasiten sorgfältig zu bekämpfen.

Wenn man nicht nur Honigbienen hält, sondern auch dafür sorgt, dass die Honigbienen eine passende Umwelt vorfinden, werden alle profitieren, auch die Wildbienen. Die Natur und der Mensch brauchen beide als wichtige Bestäuberinsekten!

# POLLEN, DER „GOLDSTAUB“ DER HONIGBIENEN

*Im Pollentransport von Blüte zu Blüte, der Bestäubung von Blütenpflanzen, liegt die Wurzel der sogenannten Co-Evolution zwischen den „modernen“ Blütenpflanzen und den Bestäuberinsekten wie den Honigbienen. Aus Sicht der Bienen geschieht die Bestäubungsleistung „unabsichtlich“, während sie Nektar und Blütenstaub sammeln.*

Pollen stellt für die Honigbienen den essenziellsten Teil der Nahrung dar. Die Körner des Blütenstaubes werden durch die Verdauungsenzyme der Bienen aufgebrochen und so ein Zugang zum wertvollen Eiweißgehalt (Proteinen), zu Fetten, Mineralstoffen und Vitaminen geschaffen. Die Proteine können so in ihre Bestandteile zerlegt werden, aus denen die Bienen dann neue körpereigene Substanzen aufbauen können – besonders wichtig für junge Bienen, die auch noch nach dem Schlüpfen aus ihren Brutzellen Organe, wie die Flugmuskulatur, zu Ende entwickeln und ausbauen. Ohne Pollen gäbe es auch keine Nahrung für die Larven der Bienen, deren Ammenbienen in speziellen Futtersaftdrüsen die „Schwesternmilch“, das Gelée royale, erzeugen. Pollen wird als „Bienenbrot“ mit Nektar vermischt in Wabenzellen gelagert, um so eine Reserve für die genannten Verwendungsmöglichkeiten aufzubauen, wenn das natürliche Blühangebot (die Tracht, wie der Imker sagt), jahreszeitlich bedingt ein niedriges Angebot bereithält.

## POLLENVIELFALT IST TRUMPF

Das Spektrum an Pollen, das die Bienen einsammeln, richtet sich nach dem Blühangebot im Einzugsbereich der Sammelaktivität eines Bienenvolkes. Wichtig ist dabei eine möglichst große Vielfalt der besuchten Pflanzenarten. Dabei sind 20 und mehr Blütenpflanzenarten keine Seltenheit. Die mengenmäßige Verteilung des eingesammelten Pollens auf die unterschiedlichen Blütenpflanzen kann am gleichen Standort von Bienenvolk zu Bienenvolk und von Tag zu Tag erheblich

schwanken. In der Nähe landwirtschaftlicher Monokulturen können 90 % und mehr von den dort angebauten Nutzpflanzen stammen. Das bringt gegenüber natürlichen Vegetationen – neben der Einseitigkeit des Pollens – einen weiteren drastischen Unterschied: Das Blühangebot ist auf einen engen Zeitraum begrenzt, was selbst mitten im Sommer zu dramatischen Hungerzuständen, bis hin zur Todesfolge, im Bienenvolk führen kann.

## WAS PASSIERT BEI EINSEITIGER POLLEN-NAHRUNG?

Werden Bienenvölker unter kontrollierten Bedingungen mit künstlich angebotenen Pollen versorgt, zeigen sich im Vergleich von reinen

Honigbienen sammeln den Pollen zunächst in ihrem Haarkleid. Auf dem Heimflug formen sie dann an den Hinterbeinen die Pollenhöschen.

Maispollen mit Mischpollen folgende Effekte: Die Analyse der Aminosäurekonzentrationen ergab eine auffallend niedrige Histidin-Konzentration in der Versorgung mit Maispollen. Ein Erfassen von Brutaufzucht und Lebensdauer der Bienen ergab für beide Aspekte schlechtere Werte im Falle der Versorgung mit reinen Maispollen. Allerdings zeigte eine Untersuchung der humoralen Aktivität aus Maispollen aufgezogener erwachsener Bienen keine Einschränkung in deren Abwehr bakterieller Infektionen (Höcherl et al., 2012).

Es bleibt die zentrale Erkenntnis: Eine große Artenvielfalt an Blütenpflanzen im Sammelbereich der Bienenvölker ist zum Aufbau und Erhalt starker und gesunder Bienenvölker unverzichtbar.

# SCHWÄRMENDE BIENEN KÖNNTEN DAS WETTER VERÄNDERN

*Wie hier im Titel formuliert, ging im Herbst 2022 unter plakativen Überschriften eine fantastisch klingende Meldung durch die Medien.*

Der *stern* betitelte seinen Beitrag am 28. Oktober 2022 „Elektrische Felder: Schwärmende Bienen könnten das Wetter verändern" und führte in dem Beitrag u. a. aus wie folgt: „Bienenschwärme sind nicht nur ein faszinierendes Naturschauspiel: Sie könnten möglicherweise auch Einfluss auf das Wetter nehmen. Das haben Ökologen der Universität Bristol nun untersucht." Die Plattform NTV schrieb am 29. Oktober: „Insektenschwarm kann das Wetter beeinflussen." Der ORF meldete am 22. Oktober 2022 auf seiner Homepage: „Eine Studie aus England zeigt: Bienen- und andere Insektenschwärme erzeugen elektrische Ladung – ähnlich wie Gewitterwolken." Heise online erklärte am 4. November 2022: „Bienenschwärme erzeugen stärkere elektrische Felder als Gewitterwolken." Und „Grenzwissenschaft aktuell" schrieb am 27. Oktober 2022: „Mehr Volt pro Meter als Gewitterwolken: Bienenschwärme erzeugen eigenes elektrisches Feld."

## WAS STECKT HINTER SOLCHEN MELDUNGEN?

Bereits im 18. Jahrhundert entdeckte der italienische Arzt, Anatom und Naturforscher Luigi Galvani (1737–1798) das Phänomen der Bioelektrizität. Ihm war aufgefallen, dass Froschschenkel, die an metallischen Haken auf dem Markt zum Verkauf aufgehängt waren, während Gewittern zuckten. Diese Beobachtung führte ihn u. a. zu folgendem Experiment: Er befestigte einen Draht auf dem First seines Hauses und montierte im Garten daran einen Froschschenkel. Ein weiterer Draht verband den Froschschenkel mit einem Brunnen. Nun musste er nur noch auf Gewitter warten. Jedes Mal, wenn er einen Blitz sah, zuckte der Froschschenkel, sogar noch bevor der Donner zu hören war. Diese Entdeckungen waren der Einstieg in großartige Entwicklungen zu Elektrizität und Bioelektrizität in Physik und Biologie.

Heute wissen wir, dass jede Lebensäußerung mit der Erzeugung bioelektromagnetischer Felder verbunden ist. Für die Funktion von Nerven- und Muskelzellen ist die Bioelektrizität elementar.

In der Erforschung des Auftretens von Bioelektrizität bei Honigbienen ist Ulrich Warnke ein Pionier, der im Rahmen seiner Doktorarbeit 1973 erstmals die elektrischen Aufladungserscheinungen der Körperoberflächen von Honigbienen untersucht hat. Dieses Werk ist auch 50 Jahre nach seiner Fertigstellung noch höchst lesenswert und eine Fundgrube sorgfältig erhobener Daten. Warnke fand Regionen auf der Körperoberfläche der Bienen mit Potentialschwankungen bis zu 25 Volt. Eine spätere Studie, in der gemessen wurde, wie hoch die elektrische Aufladung der Körperoberfläche von Bienen durch die Luftreibung im Flug werden kann (Greggers et al., 2013), fand bis zu 500 Volt Aufladung einzelner Bienen bei Wiedereintritt in den Bienenstock.

## BIENENSCHWÄRME UND IHR EINFLUSS AUF LOKALE ELEKTRISCHE FELDER

Ein Team um den Biologen Daniel Robert der Universität im englischen Bristol hat sich in einer spannenden Studie nicht die einzelne Biene, sondern ganze Bienenschwärme vorgenommen. Die Kernüberlegung zu diesen Studien war die Frage, ob und wie sich die Summe der elektrischen Ladungen mehrerer zehntausend Einzelbienen eines Schwarmes auf die umgebende Atmosphäre auswirkt. Die Resultate der Studie wurden 2022 in einem angesehenen Fachblatt publiziert. Der spannende Titel dieser Arbeit zog die Aufmerksamkeit von Journalisten auf sich, was u. a. zu den oben zitierten öffentlichen Vorstellungen führte.

Tatsächlich sind die Resultate „etwas niedriger aufzuhängen", aber nicht minder höchst spannend. Grob zusammengefasst zeigt die Studie, dass ein Bienenschwarm zu dem elektrischen Feld der umgebenden Luft einen substanziellen Beitrag leistet, dessen Ladung sich in der Größenordnung von bis zu 1.000 Volt/Meter bewegen kann. Um zu schauen, welche Konsequenzen ein derartiges elektrisches Ereignis haben kann, haben die Autoren die elektrischen Feldlinien gemessen, die um einen Baum entstehen. Ein vorbeifliegender Bienenschwarm verändert den Verlauf dieser Feldlinien. Bienenschwärme können also ein lokales elektrisches Feld beeinflussen. Die Autoren diskutieren zudem den Aspekt des Transportes elektrisch geladener Teilchen durch die Bienen, auch im Zusammenhang mit dem Schwarmverhalten.

Zu den höchst verblüffend klingenden Schlagzeilen, wie sie oben wiedergegeben sind, meint der Leiter der Studie, Prof. Daniel Robert, dass über seine Studie einige sehr spekulative und sogar falsche

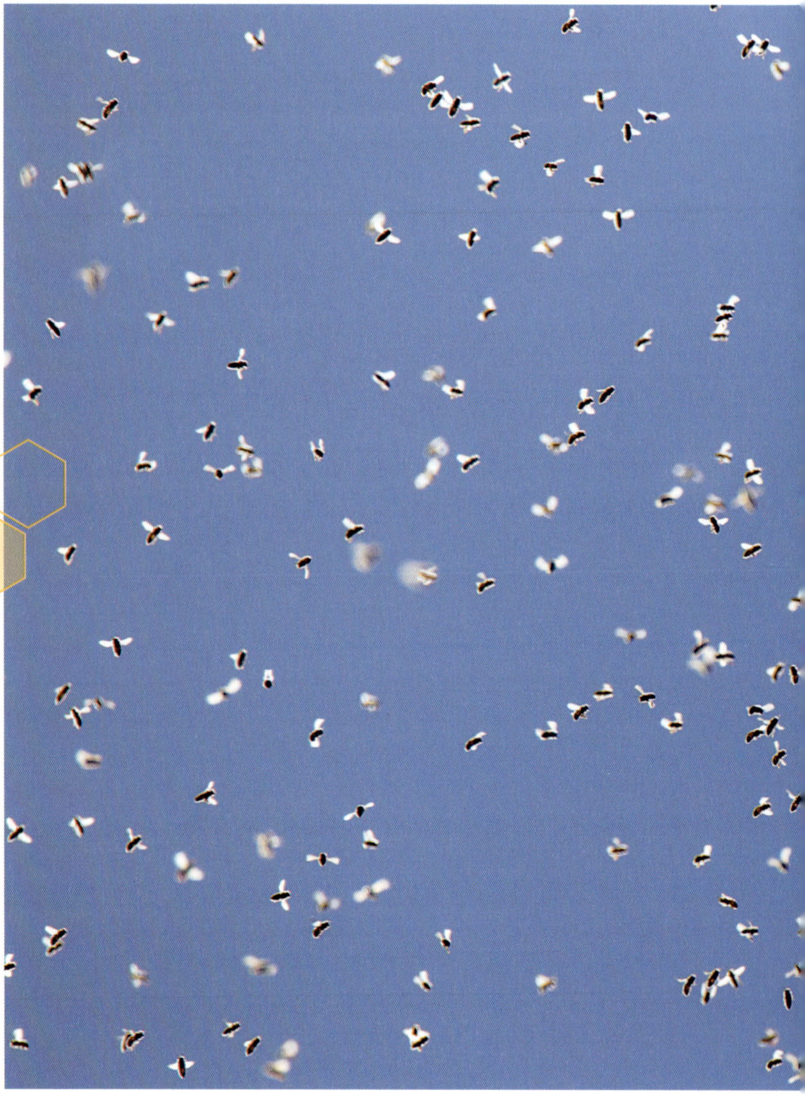

Darstellungen erschienen wären, wie „bee swarms containing as much electricity as a thundercloud ... or: bees can provoke thunderbolts in the atmosphere ...“

Was bleibt, ist eine höchst spannende Entdeckung und ein neuer Baustein in unserem Verständnis über die komplexen Beziehungen und Einflüsse von Lebewesen, hier die Honigbienen, auf ihre Umwelt.

Schwärmende Honigbienen erzeugen elektrische Ladungen der Luft.

MENSCH & BIENE
EIN NACHHALTIGES
MITEINANDER

# BEOBACHTUNGSSTÖCKE – FENSTER INS INNENLEBEN DER BIENENVÖLKER

*Das Leben unserer Honigbienen spielt sich zum allergrößten Teil im Verborgenen ab. Am Eingang zu ihren natürlichen Behausungen, den dunklen Baumhöhlen, lässt sich tagsüber reger Flugverkehr beobachten, aber was spielt sich hinter dem Zugang ab?*

Diese Frage hat die Neugier der Menschheit seit jeher beschäftigt. Von Aristoteles wird erzählt, er habe sich in die Wand von Tongefäßen, mit denen im Nahen Osten seit Jahrtausenden geimkert wurde, Fensterscheiben aus dünn geschliffenen Muschelschalen einsetzen

Bienenbeobachtungsstock, wie er von Karl von Frisch für dessen Forschungen eingesetzt worden war.

Bereits im 18. Jahrhundert dienten unterschiedliche Konstruktionen von Bienenstöcken dazu, einen Blick in das Innenleben des Bienenstocks zu erlauben, wie diese Abbildung aus einer Enzyklopädie (Paris 1730).

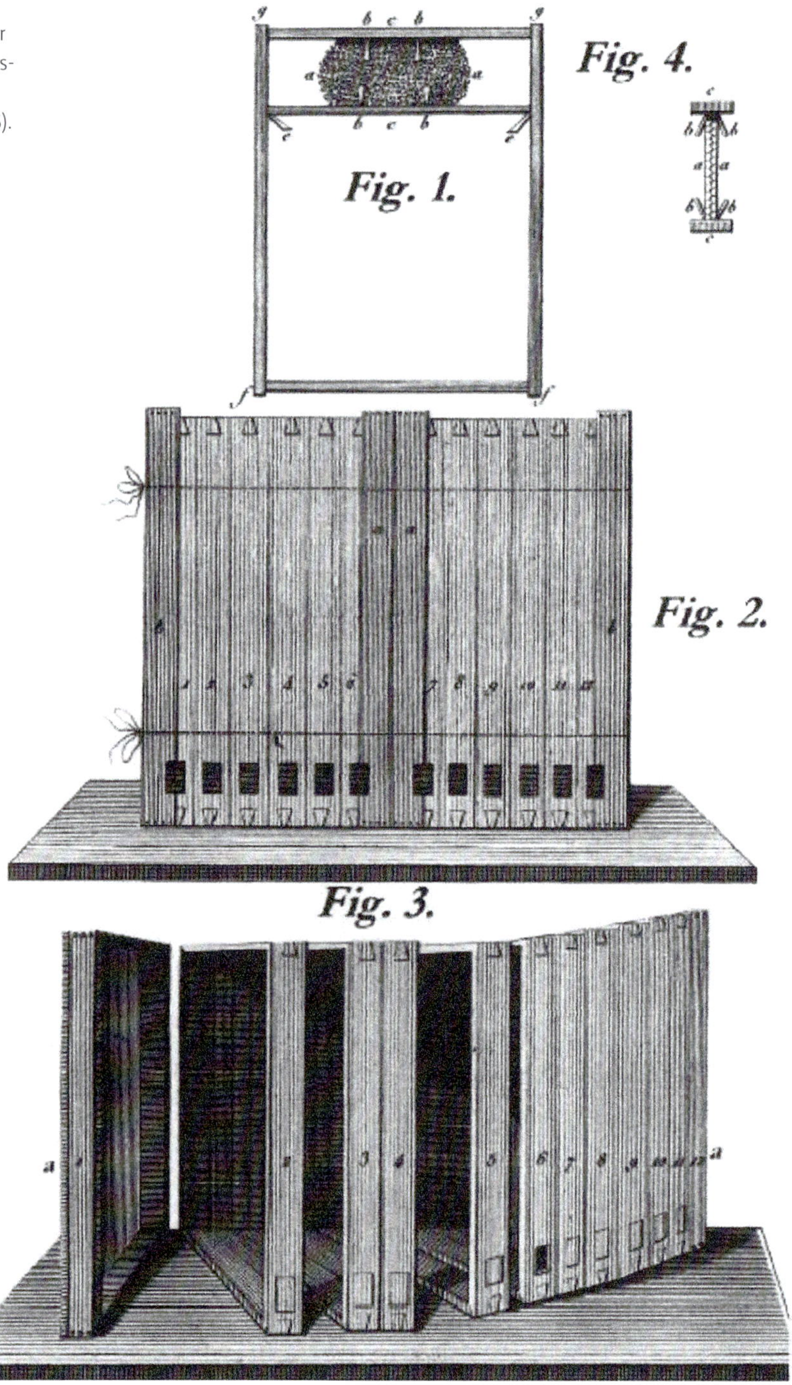


Aufklappbarer Beobachtungsstock nach F. Huber (1856).

lassen, um hinter die Geheimnisse dieser Staatengebilde zu gelangen, deren Organisationsform er zum idealen Vorbild auch für das Zusammenleben der Menschen erkor. Es kann vermutet werden, dass es dieser Durchblick in ein Bienenvolk war, der ihn auch die Bienentänze sehen ließ.

Die ersten Abbildungen von Einrichtungen, in denen Bienenvölker lebten und dabei durch Fenster beobachtet werden konnten, sind aus dem 18. Jahrhundert bekannt. Bereits um 1740 dienten etwa in Frankreich unterschiedliche Konstruktionen von Bienenstöcken dazu, einen Blick in das Innenleben der Bienenvölker zu erlauben.

Der Schweizer Bienenforscher François Huber (1750–1831) war vollkommen blind und machte trotz dieser massiven Einschränkung höchst spannende Entdeckungen zum Leben der Honigbienen. Zu diesem Zweck konstruierte er einen aufklappbaren Beobachtungsstock, in dem man wie in einem Buch blättern und die Waben herumklappen konnte. Seine Ehefrau und sein Diener, wohl die ersten Forschungs-Assistenten in der Bienenwissenschaft, erzählten ihm dann haargenau, was es da zu sehen gab.

## VOM 20. JAHRHUNDERT BIS HEUTE

Der berühmteste Nutzer eines Bienenbeobachtungsstockes war der bereits mehrfach erwähnte österreichische Zoologe Karl von Frisch (1886–1982), der u. a. für seine Verdienste um unsere Kenntnisse über die Honigbienen den Nobelpreis erhielt (siehe zu von Frisch auch S. 46 und 51). Herr von Frisch montierte zwei Waben senkrecht übereinander und verschloss Vorder- und Rückseite mit einer Glasscheibe oder einem Drahtgitter, so dass viele Vorgänge, wie die Tänze der Bienen, auf einer Fläche beobachtbar waren. Ein solcher Aufbau wird auch heute noch in der Forschung und für Unterrichtszwecke eingesetzt.

# EIN BLICK IN DIE VERGANGENHEIT DER HONIGBIENEN

*Natürliche und menschengemachte Selektionsfaktoren können die Zusammensetzung des Erbgutes in Populationen von Organismen verändern. Wie sieht das bei den Honigbienen aus?*

Im Falle der Honigbienen finden im Zusammenhang mit menschengemachten Einflüssen zwei gegenläufige Prozesse statt. Künstlich geschaffene Umweltfaktoren einer modernen Landwirtschaft belasten die Honigbienen. Zuchtbemühungen durch die Imker sollen zur Entlastung der Bienen führen, die so auch widerstandsfähiger gegenüber Parasiten und Krankheiten werden sollen. Die Veränderungen am Erbgut durch Zuchten laufen als ein dynamischer Prozess ab, in dem wir in der Regel lediglich die aktuelle Situation beobachten können. Künftige Konsequenzen sind aufgrund der hohen Komplexität der Zusammenhänge meist sehr schwer vorhersehbar.

## „MUSEUMS-BIENEN" BRINGEN NEUE ERKENNTNISSE

Eine internationale Forschergruppe aus Spanien und der Schweiz hatte den wunderbaren Einfall, Erbgut von Honigbienen, das im Naturhistorischen Museum in Bern aufbewahrt wird, zu analysieren und mit heute lebenden Bienen zu vergleichen.

Die dafür zur Verfügung stehenden molekularbiologischen Methoden sind derart hoch entwickelt, dass winzige Proben aus einem Hinterbein der wertvollen und ansonsten unversehrt bleibenden präparierten Museums-Bienen für die Untersuchung ausreichend sind. Die dabei gewonnenen Proben der Erbsubstanz beschränkten sich auf sogenannte mitochondriale DNA und somit auf Gene, die rein mütterlicherseits weitergegeben werden. Zur Erklärung: Mitochondrien, die „Energiequellen" der Körperzellen, werden nur über Eizellen und nicht über Spermien an die nächste Generation weitergegeben. Die in ihnen enthaltene DNA erlaubt somit, die mütterliche Abstammungslinie nachzuverfolgen.

Honigbiene an einer Blüte.

Bei den untersuchten Honigbienen handelte es sich ausschließlich um die sogenannte Dunkle Biene *Apis mellifera mellifera* aus den Jahren 1879 bis 1959. Sie stammen also aus einer Zeit vor der Ankunft der Varroamilbe, die sich in den 1980er-Jahren rasant in Europa ausbreitete, und vor dem Einsatz von Neonicotinoiden, die zuerst in den 1990er-Jahren in der Landwirtschaft Verwendung fanden. Zudem wurde in der Zwischenzeit die Bienenzucht immer weiter professionalisiert und auf bestens organisierte Zuchtprogramme aufgebaut. Auch sind wild lebende Honigbienenpopulationen heute im Vergleich zu damals drastisch zurückgegangen, sodass ein Austausch von Erbgut zwischen beimkerten und nicht-beimkerten Bienenvölkern immer unwahrscheinlicher wurde.

## WAS DAS ERBGUT VERRÄT

Die Frage, die sich die Forscher stellten, war: Spiegeln sich alle diese starken Veränderungen in den Lebensbedingungen der Honigbienen in deren Erbgut wider? In der Tat wurden etliche signifikante Unterschiede bei Genen entdeckt, die für das Leben und Überleben der Bienen relevant sind.

Am auffälligsten war dabei die Gengruppe, die Proteine festlegt, die neben weiteren Aufgaben im Immunsystem der Bienen eine wichtige Rolle spielen. Diese Gene haben sich in den grob gerechnet letzten 100 Jahren auffallend verändert. Neu-Parasiten und Krankheiten wie Varroa, Nosema und die Faulbrut haben erkennbare Anpassungsspuren hinterlassen.

Eine weitere in dieser Studie auffallende Gengruppe betrifft Gene, die für den Aufbau und die Funktion des Nervensystems zuständig sind. Die Übertragung von Erregung zwischen Nervenzellen geschieht über sogenannte Transmitter, für die es auf den Nervenzellen Empfängermoleküle gibt. In diesen Mechanismus greifen Insektizide ein, die als Pflanzenschutzmittel gegen Schadinsekten gerichtet werden. Das Nutzinsekt Honigbiene wird dabei unbeabsichtigt ebenso stark betroffen. Die beobachteten Veränderungen dieser Gen-Familie deuten darauf hin, dass sich die Honigbienen in ihrem Erbgut auch auf diese für die Bienen belastende Situation eingestellt haben.

Inwieweit die aufgefundenen Veränderungen des Erbgutes langfristig gut oder eher schlecht sind, weil damit möglicherweise eine Abnahme der genetischen Vielfalt und damit eine Einbuße für künftigen Anpassungsspielraum einhergeht, kann derzeit nicht beantwortet werden.

# WIESO BENUTZEN IMKER RAUCH?

*Die Vorräte an Honig, die Bienenvölker zu ihrer Material- und Energieversorgung anlegen, sind seit Menschengedenken sehr begehrt. Die Entnahme von Waben aus einem Honignest ist dabei die Situation, in der sich Menschen und Bienen am nächsten kommen.*

In bildlichen Darstellungen der Honigentnahme, von denen über die Jahrhunderte unzählbar viele entstanden sind, ist als typisches Merkmal der Einsatz von Rauch auffallend. Qualmende Bündel trockener Pflanzen, oder in der modernen Imkerei Pfeifen oder sogenannte Smoker, gehören zum Eindringen in ein Bienenvolk dazu. Eine durch Rauch ausgelöste erwünschte bestimmte Reaktion von Bienen auf Rauch haben Menschen bereits vor Jahrtausenden beobachtet.

Und es gibt wohl kein bekannteres und typischeres Imkerutensil als die Imkerpfeife. Auch wer nichts mit Bienen am Hut hat, weiß in der Regel doch: Imker pusten Rauch über ihre Bienen, weil das die Bienen beruhigt. Ist das so?

## IST RAUCH EIN „BIENEN-SEDATIVUM"?

Rauch oder Qualm besteht aus in der Luft feinstverteilten winzigen Partikeln, wie sie beim Verbrennen von Pflanzenmaterial entstehen. Die Wahrnehmung von Rauch läuft bei den Bienen über ihre Fühler, auf denen Tausende Sinneszellen sitzen. Wie reagieren sie auf die Wahrnehmung von Rauch?

Die Bienen füllen ihren Honigmagen aus den Honigvorräten im Bienennest randvoll und ziehen sich tief in das Innere ihres Nestes zurück. Es ist leicht nachvollziehbar, dass ein derartiges Verhalten der Bienen die Arbeit des Imkers am Bienenvolk enorm erleichtert. Die Gefahr, von den Bienen gestochen zu werden, sinkt rapide. Ein Stoß Rauch, und die Bienen fliegen nicht auf, sondern ziehen sich in die Wabengassen zurück. Bienen mit gefüllten Honigmägen sind zudem unbeweglicher und darum weniger stechfreudig.

In gesunden Mischwäldern ziehen Waldbrände rasch weiter und greifen an Bäumen lediglich die Borke an. Gegen derartige Hitzespitzen schützen sich Honigbienen im Inneren ihrer Nester mit bestimmten Verhaltensweisen.

## WIESO REAGIEREN DIE BIENEN SO?

Alle Verhaltensweisen von Tieren haben sich im Laufe der Evolution dann herausgebildet, wenn es für die Lebewesen von Vorteil war. Der Vorteil, den man der Rückzugsreaktion der Bienen bei Rauchentwicklung häufig zuspricht, ist die Vorbereitung auf eine Fluchtreaktion.

Waldbrände sind für das Waldtier Biene eine der größten Bedrohungen. Wo Feuer ist, da ist auch Rauch, und sobald die Bienen diesen bemerken, beginnen sie, nach offenen Honigzellen zu suchen und sich ihre Honigmägen aus den Vorräten in den Waben zu füllen.

Es liegt also nahe zu vermuten, dass das Volltanken mit Honig und der Rückzug zwischen die Waben einer Wartestellung und Vorbereitung einer Flucht dient, falls ein Feuer das Volk zu vernichten droht. Der Honig soll dann dem Neuaufbau von Waben dienen, wie es auch bei regulärem Schwarmverhalten der Fall ist. Diese Deutung ist falsch.

Schwärmt ein Bienenvolk, werden bereits lange von dem Aufbruch des Schwarmes entscheidende Vorbereitungen eingeleitet. Dazu gehört, dass die Königin „auf Diät" gesetzt wird. Bei voll entwickelten Ovarien ist sie viel zu schwer, um normales Flugverhalten zeigen zu können, sie kann nicht mit dem Schwarm mitfliegen. Sie muss vorher abspecken, um wieder flugfähig zu werden. Das dauert seine Zeit.

## WALDBRAND: HÖCHSTE EILE IST GEBOTEN!

Brennt der Wald, muss schnell reagiert werden. Die Zeit reicht auf keinen Fall, die Königin flugfähig zu machen. Würde das Bienenvolk vor einem Feuer fliehen und müsste dabei die Königin zurücklassen, wäre es das garantierte Ende dieses Volkes. Ohne Brut ist das Bienenvolk nicht in der Lage, sich eine neue Königin heranzuziehen. Tatsächlich ist kein Fall wissenschaftlich belegt, in dem ein Auszug eines Bienenvolkes bei Feuer beobachtet worden wäre. Dagegen gibt es nicht wenige Berichte über das tragische Verbrennen ganzer Bienenvölker, wenn im Wald aufgestellte Bienenbeuten bei Waldbränden vom Feuer erfasst wurden.

## SPIELEN PHYSIKALISCHE EFFEKTE EINE ROLLE?

Das Bienenverhalten bei Rauchentwicklung hat möglicherweise physikalische Gründe. Durch die Aufnahme von Honig vergrößern die Arbeiterinnen ihr Körpervolumen erheblich. Das Gesamtvolumen des Bienennestes bleibt zwar gleich, denn es kommt kein neuer Honig hinzu. Aber alle vollgetankten Bienen stellen nun viele kleine Bausteine dar, die sich im Nest beliebig anordnen können. So könnte die Königin als das wertvollste Individuum des Volkes von Bienenkörpern eingehüllt werden und so einen gewissen Hitzeschutz erfahren. Das ist Spekulation, aber zumindest eine Überlegung, die mehr Sinn macht als der Gedanke, die Bienen würden sich auf eine Flucht vor dem Feuer vorbereiten.

Die Physik definiert eine im hier besprochenen Zusammenhang wichtige Eigenschaft, die Wärmekapazität. Die Wärmekapazität ist die Menge an Wärme, die einem Körper zugeführt werden muss, um eine bestimmte Temperaturerhöhung zu erreichen. Einer deutlich vergrößerten Körpermasse einer Biene muss mehr Wärme zugeführt werden, um sie aufzuheizen. Der Aufheizprozess im Bienennest sollte langsamer ablaufen, was bei einem rasch durchziehenden Waldbrand lebensrettend sein kann. Es wäre spannend, mit modernen messtechnischen Methoden der Energieforschung zu untersuchen, welche thermo-physikalischen Effekte an den einzelnen Bienenkörpern auftreten, wenn die Honigblase der Bienen maximal mit Honig gefüllt wird. Es ist zu erwarten, dass sich die Wärmekapazität der mit Honig gefüllten Bienen erhöht. Ein solcher Effekt würde die Chance erhöhen, einen schnell durchziehenden Brand in einem hohlen Baum, in deren Innerem die Brandtemperaturen ohnehin niedriger sind als am Boden, zu überleben.

## VERSCHIEDENE BRANDSCHUTZMASSNAHMEN

Dass Bienenvölker kurzzeitige große Hitze überleben können, wenn sie gegenüber der direkten Hitzestrahlung geschützt sind, wird auch am Beispiel südafrikanischer Bienenvölker deutlich, die regelmäßig natürlich auftretenden Feuern ausgesetzt sind und ihre Nester mit Brandschutzwänden aus Propolis versehen (Tribe et al., 2017).

Diese Schutzfunktion erfüllt bei Bienenvölkern, die in hohlen Bäumen leben, der Baumstamm, da Waldbrände in gesunden Mischwäldern typischerweise die Borke angreifen, aber aufgrund ihres schnellen Voranschreitens nicht den Baum als Ganzes entzünden.

# WIR ALLE HABEN ES IN DER HAND!

*Eine der Stützen einer industrialisierten Landwirtschaft sind Monokulturen, ausgebreitet über möglichst große zusammenhängende Flächen. Derartig homogene, aus lediglich einer einzigen Pflanzenart zusammengesetzte „Biotope" bieten Insekten, die sich von diesen Pflanzen ernähren können (Schadinsekten), paradiesische Lebensumstände, die zu regelrechten Populationsexplosionen führen können.*

Pflanzen wehren sich gegen das Gefressenwerden durch natürliche Herbizide (Gifte), die entweder übel schmecken oder sogar Giftwirkungen entfalten. Diese natürlichen Herbizide halten spezifisch diese Fraßinsekten von ihrem Tun ab, andere Insekten sind nicht betroffen.

## MENSCHENGEMACHTE INSEKTIZIDE

Der Mensch versucht einen ähnlichen Weg, indem er künstliche gegen Insekten wirksame Chemikalien erfindet, die als Insektizide Einsatz finden. Der Zweck dieser Mittel besteht darin, Insekten zu töten. Anders als die natürlichen Herbizide, die sich die Pflanzen selbst herstellen, betreffen die menschengemachten Insektizide undifferenziert alle Insekten. So gesehen verwundert sogar etwas die scheinbare Überraschung, dass dabei auch Bienen sterben ...

Die meisten betroffenen Insektenarten, die als „Kollateralschaden" getroffen werden, leiden, sterben und verschwinden unauffällig. Die Honigbienen haben das große Glück, mit der Imkerschaft eine Lobby zu haben, die sich für sie einsetzt.

Ein resultierender Erfolg, der dabei seit 2018 verzeichnen ist, ist das EU-weite Verbot des Freiland-Einsatzes von drei bienenschädlichen Neonicotinoiden.

## UND WIE GEHT ES WEITER?

Man könnte ironisch fragen: Halten sich nun fairerweise auch die Schadinsekten zurück? Es wird neue Gifte geben (oder geht man sogar zurück zu alten, derzeit nicht mehr eingesetzten Giften?), will man verhindern, dass Ernten durch Schädlinge vernichtet werden. Um weniger Gifte einzusetzen, wäre ein Rückgriff auf biologische Bekämpfungsmaßnahmen ein Weg. Schadinsekten haben selbst wiederum „Feinde“, Krankheiten und sogenannte Parasitoide, die ihnen zusetzen.

Ohne einen weitreichend grundsätzlichen Umbau der Landwirtschaft hin zu Verfahrensweisen, die zugleich ökomische Ziele und rücksichtsvollen Umgang mit der Welt, in der wir leben, unter einen Hut bringen (dass dies funktionieren kann, zeigen einzelne Initiativen), steht der nächste entsprechende Problemfall schon vor der Tür.

Bevor man sich zurücklehnt und darauf wartet, dass eine solche positive Entwicklung eintreten möge, sollte man sich fragen: Welche Rolle spielt eigentlich jede und jeder Einzelne in dem hochkomplexen Gefüge „Ernährung einer noch immer wachsenden Erdbevölkerung“? Jeder Einzelne ist Verbraucher, ist Konsument und hat die Freiheit, Einfluss darauf zu nehmen, welche Nahrungsmittel, in welchen Mengen und mit welchen Eigenschaften produziert werden.

Das ist in einer freien Marktwirtschaft der Motor, der alle Entwicklungen antreibt und ausrichtet.

Bilden Mensch und Honigbiene eine Symbiose, profitiert ein ganzes Netzwerk aus Pflanzen und Tieren.

# SERVICE

# LITERATURVERZEICHNIS

## SINNESWAHRNEHMUNG & LERNVERMÖGEN – VON DER KLUGHEIT DER HONIGBIENEN


### Wie können wir wissen, was Bienen „denken"?

Frisch, K. v. (1914): Der Farbensinn und Formensinn der Bienen. Zool. Jb. Physiol., 35, 1–188.

Gross, H. J., Tautz, J., Pahl, M., Si, A., Zhu, H. & S. Zhang: Number-based visual generalisation in the honeybee. PloS ONE (2009) 4: 1–9. e4263. DOI 10.1371.

Wu, W., Moreno, A. M., Tangen, J. M. & J. Reinhard: Honeybees can discriminate between Monet and Picasso paintings, J Comp Physiol A (2013): 199: 45–55. DOI 10.1007/s00359-012-0767-5.

### Tradition im Bienenvolk – Bienen lernen von Bienen

Alem, S., Perry, CJ, Zhu X, Loukola, OJ, Ingraham, T., Søvik, E. and Chittka, L. (2016): Associative Mechanisms Allow for Social Learning and Cultural Transmission of String Pulling in an Insect. PLoS Biol. 14(10): e1002564. DOI 10.1371/journal.pbio.1002564.

Lindauer, M. in Hölldobler, B., Lindauer, M. (1985): Fortschritte Zoologie 31; als "Lindauer unpublished" beschrieben auf S. 138 u. 139.

### Wann sind Honigbienen farbenblind?

Chittka, L. & J. Tautz (2002): The spectral input to the honeybee visual odometry. Journal of Experimental Biology 206, 2393–2397.

Spaethe, J., Tautz, J. & L. Chittka (2001): Visual constraints in foraging bumble bees: flower size and color affect search time and flight behavior. Proc. Nat. Acad. Sci. USA 98, 3898–3903.

Srinivasan, M. V., S. W. Zhang, S. W., Altwein, M. & J. Tautz (2000): Honeybee navigation: nature and calibration of the "odometer". Science 287, 851–853.

### Honigbienen sind taub

Tautz, J. (1989): Medienbewegung in der Sinneswelt der Arthropoden – Fallstudien zu einer Sinnesökologie. Information processing in animals Vol. 6 (Hrsg. M. Lindauer). G. Fischer, Stuttgart.

Tautz, J. (2002): Das Festnetz der Bienen. Spektrum der Wissenschaft August 2002, 60–66.

Hrncir M., Barth F. G., Tautz J. (2006): Vibratory and airborne-sound signals in bee communication (Hymenoptera), in: Drosopoulos S., Claridge M. F. (Eds.), Insect sounds and communication, Taylor and Francis Group, New York, pp. 421–436.

### Bienenwachs als Personalausweis

Fröhlich, B., Tautz, J. & M. Riederer (2000a): Chemometric classification of comb and cuticular waxes of the honeybee *Apis mellifera carnica*. J. Chem. Ecol. 26, 123–137.

Fröhlich, B., M. Riederer & J. Tautz (2000b): Comb wax discrimination by honeybees tested the proboscis extension reflex J. exp. Biol. 203, 1581–1587.

Fröhlich, B., Riederer, M. & J. Tautz (2001): Honeybees discriminate cuticular waxes based on esters and polar components. Apidologie 32, 265–274.

Hepburn, H. R. (1986): Honeybees and wax. An Experimental Natural History. Springer Verlag.

Page, R. E., Metcalf, R. A., Metcalf, R. L. Erickson, J. E. H. & R. L. Lampman (1991): Extractable hydrocarbons and kin recognition in honeybee (*Apis mellifera* L.). J. Chem. Eco. 17, 745–756.

### Können Honigbienen ihren Tagesablauf planen?

Pahl, M., Zhu, H., Pix, W., Tautz, J. & S. Zhang (2007): Circadian timed episodic-like memory – a bee knows what to do when, and also where. J. Exp. Biol. 210, 3559-3567.

Pahl, M., J. Tautz & S. Zhang (2010): Honeybee cognition. In: Behavior: Evolution and mechanisms (edit. P. Kappeler), pp. 86–120. Springer Verlag. http://www.springer.com/life+sciences/behavioural/book/978-3-642-02623-2.

Zhang, S., Schwarz, S., Pahl, M., Hong Zhu and J. Tautz (2006): Honeybee memory: A Honeybee knows what to do and when. J. exp. Biol. 209, 4420–4428, 2006.

### Ohne Lot und Wasserwaage: Wie Honigbienen ihre Körperlage feststellen

Lindauer M. & J. O. Nedel (1959): Ein Schweresinnesorgan der Honigbiene. Z. vergl. Physiol. 42, 334–364.

Sandeman, D. C., Sandeman, R. & J. Tautz (1997): Head and abdominal posture and the orientation of honeybees on vertical combs. Zoology 100, 85–97.

Sandeman, D. C., Tautz, J. & M. Lindauer (1999): Leben in einer vertikalen Welt – wie sich Honigbienen nach der Schwerkraft richten. Jahrbuch 1998 Akademie der Wissenschaften und der Literatur Mainz. 213–219.

### Die verräterischen „Schweißfüße" der Bienen

Arnhart, L. (1906): Anatomie und Physiologie der Honigbiene, Original in Englisch, deutscher Nachdruck 2009.

Giurfa, M. & J. A. Nunez (1992): Honeybees mark with scent and reject recently visited flowers. Oecologia 89: 113–117.

Núñez, J. A. (1967) Sammelbienen markieren versiegte Futterquellen durch Duft. Naturwissenschaften 54: 322–323.

Pearce, R., Giuggioli, L. & S. Rands (2017) Bumblebees can discriminate between scent-marks deposited by conspecifics. Scientific Reports: 7 (DOI 10.1038/srep43872).

### Fühlen Honigbienen Schmerzen?

Birch, J., Burn, C., Schnell, A., Browning, H. & A. Crump (2021): Review of the evidence of sentience in cephalopod molluscs and decapod crustaceans. Anim. Feel. General, 2. 1–107.

Gibbons, M., Crump, A., Barrett, M., Sarlak, S., Birch, J. & L. Chittka (2022): Can insects feel pain? A review of the neural and behavioural evidence. In: Advances in Insect Physiology. https://doi.org/10.1016/bs.aiip.2022.10.001

### Vom „Denken" der Honigbienen

Barron, A. B., Klein, C. (2016): What insects can tell us about the origins of consciousness, PNAS 113 (18), 4900–4908. https://doi.org/10.1073/pnas.1520084113

Buchmann, S. (2023): What a Bee Knows: Exploring the Thoughts, Memories, and Personalities of Bees. Island Press.

Chittka, L. (2022): The mind of a bee. Princeton University Press.

Grover, D. et al. (2022): Differential mechanisms underlie trace and delay conditioning in *Drosophila*, Nature 603, 302–308.

### Duftende Hinweise – Geraniol markiert, wo's langgeht

Tautz, J., Sandeman, DC. (2003): Recruitment of honeybees to non-scented food sources. Journal of Comparative Physiology A 189 (4), 293–300.

### Können sich Honigbienen betrinken?

Abramson, C. I., Sanderson, C., Painter, J., Barnett, S. & H. Wells (2005): The development of an ethanol model using social insects V: Honey bee foraging decisions under the influence of alcohol. Alcohol. 36, 187–193.

Miler, K., Kuszewska, K., Privalova, V. & M. Woyciechowski (2018): Honeybees show adaptive reactions to ethanol exposure. Scientific Reports volume 8, Article number: 8707.

Mixson, T. A., Abramson, C. I. & J. Bozic (2010): The behavior and social communication of honey bees (*Apis mellifera carnica* Poll.) under the influence of alcohol. Psychol. Rep. 106, 701–717.

Mustard, J. A., Edgar, E. A., Mazade, R. E., Wu, Ch., Lillvis, J. L., Wright, G. A. (2008): Acute ethanol ingestion impairs appetitive olfactory learning and odor discrimination in the honeybee. Neurobiol. Learn. Mem. 90, 633–643.

Tan, K., Wang, Z., Yang, M., Fuchs, S., Luo, L., Zhang, Z., Li, H., Zhuang, D., Yang, S., Tautz, J., Beekman, M. & B. P. Oldroyd (2012): Asian hive bees, *Apis cerana*, modulate dance communication in response to nectar toxicity and demand. Animal behavior 2012, 1–6.

### Die Mär von Minen aufspürenden Bienen

Tautz, J. (2014): Die Erforschung der Bienenwelt. Neue Daten – neues Wissen. Audi-Stiftung, Ingolstadt.

### Haben Bienen ein Bewusstsein und Emotionen?

Barron, A. B., Klein, C. (2016): What insects can tell us about the origins of consciousness, PNAS 113 (18), 4900–4908. https://doi.org/10.1073/pnas.1520084113.

Buchmann, S. (2023): What a Bee Knows: Exploring the Thoughts, Memories, and Personalities of Bees. Island Press.

Chittka, L. (2022): The mind of a bee. Princeton University Press.

Frisch, K. v. (1965): Tanzsprache und Orientierung der Bienen. Springer, Berlin Heidelberg New York.

Grover, D. et al. (2022): Differential mechanisms underlie trace and delay conditioning in *Drosophila*, Nature 603, 302–308.

Nagel, T. (1974): What is it like to be a bat? Philosophical Review 83, 435–450.

## SUPERORGANISMUS BIEN – KOMPETENZ DURCH TEAMWORK

### Die Sprache der Bienen

Frisch, K. v. (1923): Über die „Sprache" der Bienen. Zool. Jb., Abt. allg. Zool. u. Physiol. 40, 1–186.

Frisch, K. v. (1965) Tanzsprache und Orientierung der Bienen. Springer, Berlin Heidelberg New York.

Frisch, K. v., & G. A. Rösch (1926): Neue Versuche über die Bedeutung von Duftorgan und Pollenduft für die Verständigung im Bienenvolk. Z. vergl. Physiol. 4, 1–21.

### Die „Tanzsprache" der Honigbiene – Alt und neu auf einen Blick

Tautz, J. (2021): Die Sprache der Bienen. Knesebeck.

### Der Brauseflug: Das vernachlässigte Element in der Kommunikation der Honigbienen

Spitzner, J. E. (1788): Ausführliche Beschreibung der Korbbienenzucht im sächsischen Churkreise, ihrer Dauer und ihres Nutzens, ohne künstliche Vermehrung nach den Grundsätzen der Naturgeschichte und nach eigner langer Erfahrung. Mit Kupfern. Johann Friedrich Junius, Leipzig.

Tautz, J. (2014): Die Erforschung der Bienenwelt. Neue Daten – neues Wissen. Audi-Stiftung, Ingolstadt.

Unhoch, N. (1823): Anleitung zur wahren Kenntniss und Behandlung der Bienen.

### Wie fleißig sind die Honigbienen?

Thom, C., Seeley, T. & J. Tautz (2000): Dynamics in the allocation of labor towards nectar foraging in a honey bee colony (*Apis mellifera carnica*). Apidologie 31, 737–738.

## Der Bienen-Kristall

Bauer, D., Bienefeld, K. (2013): Hexagonal comb cells of honeybees are not produced by a liquid equilibrium process. Naturwissenschaften 100, 45–49.

Karihaloo B. L., K. Zhang & J. Wang (2013): Honeybee combs: how the circular cells transform into rounded hexagons. Journal of The Royal Society Interface 10. 10.1098/rsif.2013.0299.

Martin, H., Lindauer, M. (1966): Sinnesphysiologische Leistungen beim Wabenbau der Honigbiene. Z. vergl. Physiol. 53, 372–404.

Pirk C. W. W., H. R. Hepburn, S. E. Radloff & J. Tautz (2004): Honeybee combs: construction through a liquid equilibrium process? Naturwissenschaften 91, 350–353.

## Die Tankstellenbienen im Brutnest

Basile, R. (2009): Thermoregulation and Resource Management in the honeybee *Apis mellifera*. Dissertation Universität Würzburg.

Basile, R., Pirk, Ch. & J. Tautz (2008): Trophallactic activities in the honeybee brood nest – Heaters get supplied with high performance fuel. Zoology 111, 433–441.

## Kurzes oder langes Leben: Der Bien beeinflusst es schon vor der Geburt

Bock, F. (2005): „Untersuchungen zu natürlicher und manipulierter Aufzucht von *Apis mellifera*: Morphologie, Kognition und Verhalten". Dissertation Universität Würzburg.

Streit, S., Bock, F., Pirk, Chr. & J. Tautz (2003): Automatic Life-long monitoring of individual insect behaviour now possible. Zoology 169, 169–171.

## Eine ruft und alle antworten – Chorgesang bei Zwerghonigbienen

SenSarma, M., Fuchs, S., Werber, Ch. & J. Tautz (2002): Worker piping triggers hissing for co-ordinated colony defence in the dwarf honeybee *Apis florea*. Zoology 105, 215–223.

## Wie reagieren Honigbienen auf natürliche Gifte?

Tan, K., Wang, Z., Yang, M., Fuchs, S., Luo, L., Zhang, Z., Li, H., Zhuang, D., Yang, S., Tautz, J., Beekman, M. & B. P. Oldroyd (2012): Asian hive bees, *Apis cerana*, modulate dance communication in response to nectar toxicity and demand. Animal behavior 2012, 1–6.

Seeley, T. (1992): The tremble dance of the honey bee: message and meanings. Behavioral Ecology and Sociobiology 31, 375–383.

## Wie nutzen Bienen Löcher im Brutnest?

Klein, B. A., Stiegler, M., Klein, A. & J. Tautz (2014): Mapping sleeping bees within their nest: spatial and temporal analysis of worker honey bee sleep. PLOS ONE, 2014 (https://journals.plos.org/plosone/article?id=10.1371/journal.pone.0102316).

Bujok, B., Kleinhenz, M., Fuchs, S & J. Tautz (2002): Hot spots in the bee hive. Naturwissenschaften 89, 299–301.

Kleinhenz, M., Bujok, B., Fuchs, S & J. Tautz (2003): Hot bees in empty cells – broodnest heating from within. Journal of Experimental Biology 206: 4217–4231.

## Luftfeuchte im Bienenstock

Sachs, R. & J. Tautz (2017): https://www.researchgate.net/publication/315083892_How_Bees_Apis_Mellifera_Reduce_Humidity_in_the_Beehive_by_Means_of_Active_Ventilation.

## Nicht ganz volltanken, bitte!

Harano, K., Mitsuhata-Asai, A., Konishi, T., Suzuki, T. & M. Sasaki (2013): Honeybee foragers adjust crop contents before leaving the hive. Effects of distance to food source, food type, and informational state. Behav. Ecol. Sociobiol. (2013) 67:1169–1178.

Tautz, J. (2021): Die Sprache der Bienen. Knesebeck.

### Das Brutnest als Treibhaus

Bujok, B. (2005): Thermoregulation im Brutbereich der Honigbiene *Apis mellifera carnica*. Dissertation Universität Würzburg.

Bujok, B., Kleinhenz, M., Fuchs, S. & J. Tautz (2002): Hot spots in the bee hive. Naturwissenschaften 89, 299–301.

Kleinhenz, M. (2008): Die Wärmeübertragung im Brutbereich der Honigbiene (*Apis mellifera*). Dissertation Universität Würzburg.

Kleinhenz, M., Bujok, B., Fuchs, S. & J. Tautz (2003): Hot bees in empty cells – broodnest heating from within. Journal of Experimental Biology 206: 4217–4231.

Tautz, J. (2014): Die Erforschung der Bienenwelt. Neue Daten – neues Wissen. Audi-Stiftung, Ingolstadt.

### Wie sich Honigbienen zum Sex finden

Tautz, J. (2007): Phänomen Honigbiene. Spektrum Akademischer Verlag, Heidelberg, München.

Woodgate, J. L., Makinson, J. C., Rossi, N., Lim, K., Reynolds, A. M., Rawlings, Ch. J. & L. Chittka (2021): Harmonic radar tracking reveals that honeybee drones navigate between multiple aerial leks. iScience. https://doi.org/10.1016/j.isci.2021.102499.

### Wie hitzeempfindlich sind die Spermien von Honigbienen?

McAfee, A., Chapman, A., Higo, H. , Underwood, R., Milone, J., Foster, L. J., Guarna, M., Tarpy D. R. & J. S. Pettis (2020): Vulnerability of honey bee queens to heat-induced loss of fertility. Nature Sustainability volume 3, pages 367–376. https://doi.org/10.1038/s41893-020-0493-x.

Kablau, A., Berg, S., Härtel, S. & R. Scheiner (2020): Hyperthermia treatment can kill immature and adult Varroa destructor mites without reducing drone fertility, Apidologie 51, 307–315.

### Von Vetternwirtschaft und faulen Eiern

Dawkins, R. (2014): Das egoistische Gen. Springer.

Fröhlich, B., Riederer, M. & J. Tautz (2001): Honeybees discriminate cuticular waxes based on esters and polar components. Apidologie 32, 265–274.

Pirk, Chr., Neumann, P., Hepburn, R., Moritz, R. F. A. & J. Tautz (2004): Egg viability and worker policing in honey bees. Proc. Nat. Acad. Sci. USA 101, 8649–8651.

### Tanzen, piepen, heizen – Die komplexe Startvorbereitung für den Bienenschwarm

Seeley, T. (2015): Bienendemokratie: Wie Bienen kollektiv entscheiden und was wir davon lernen können. Fischer Taschenbuch.

Seeley, T. D., Kleinhenz, M., Bujok, B. & J. Tautz (2003): Thorough warm-up before take-off in honey bee swarms. Naturwissenschaften 90, 256–260.

Seeley,T. & J. Tautz (2001): Worker piping in honey bee swarms and its role in preparing for liftoff. J. comp. Physiol.187, 667–676.

Tautz, J. (2014): Die Erforschung der Bienenwelt. Neue Daten – neues Wissen. Audi-Stiftung, Ingolstadt.

### Epidemien im Bienenstock – „social distancing“ nicht möglich

Gätschenberger, H., Azzami, K., Tautz, J. & H. Beier (2013): Antibacterial immune competence of honey bees (*Apis mellifera*) is adapted to different life stages and environmental risks. PLOS ONE June 2013 I Volume 8 I Issue 6 I e66415.

Randolt, K., Gimple, O., Geißendörfer, J., Prusko, C., Müller, M., Albert, S., Tautz, J. & H. Beier (2008): Immune-related proteins induced in the hemolymph after aseptic and septic injury differ in honey bee worker larvae and adults. Arch. Insect Biochem. Physiol. 69, 155–167.

## BIENE & UMWELT – HONIGBIENEN IM KOMPLEXEN NATURGESCHEHEN

### Bienen als Schädlingsbekämpfer

Tautz, J. & M. Rostás (2008): Honeybee buzz attenuates plant damage by caterpillars. Current Biology 18, R1125–R1126.

### Was weiß man über Wechselbeziehungen zwischen beimkerten Honigbienen und solitären Wildbienen?

Mallinger, R. E., Gaines-Day, H. R. & C. Gratton (2017): Do managed bees have negative effects on wild bees? A systematic review of the literature. PLOS ONE 2017. https://doi.org/10.1371/journal.pone.0189268.

### Pollen, der „Goldstaub“ der Honigbienen

Höcherl, N., Siede, R., Illies, I. & J. Tautz (2012): Evaluation of the nutritive value of maize for honey bees. J. Insect Physiol. 58, 278–285.

### Schwärmende Bienen könnten das Wetter verändern

Greggers, U., Koch, G., Schmidt, V., Dürr, A., Floriou-Servou, A., Piepenbrock, D., Göpfert, MC., Menzel, R. (2013): Reception and Learning of Electric Fields in Honeybees. Proc. R. Soc. Lond. B 20130528.

Huber, F. (1806): New observations on the natural history of bees. Nouvelles observations sur les abeilles, Paris 1796. Neue Beobachtungen an den Bienen, deutsch von G. Kleine, Einbeck 1856.

Hunting, E. R., O'Reilly, L. J. , Harrison, R. G., Manser, K., Sam J. England, S. J., Harris, B. H. & D. Robert (2022): Observed electric charge of insect swarms and their contribution to atmospheric electricity. iScience, DOI 10.1016/j.isci.2022.105241.

Warnke, U. (1973): Physikalisch-physiologische Grundlagen zur luftelektrisch bedingten „Wetterfühligkeit“ der Honigbiene (*Apis mellifica*). Dissertation Universität Saarbrücken.

## MENSCH & BIENE – EIN NACHHALTIGES MITEINANDER

### Ein Blick in die Vergangenheit der Honigbienen

Pajera, M., Wragg, D., Henriques, D., Charrière, J.-D. & A. Estonba (2020): Digging into the genomic past of Swiss honey bees by whole-genome sequencing museum specimens. Genome Biology and Evolution. https://doi.org/10.1093/gbe/evaa188.

### Wieso benutzen Imker Rauch?

Tautz, J. & D. Steen (2017): Die Honigfabrik. Die Wunderwelt der Bienen – eine Betriebsbesichtigung. Gütersloher Verlagshaus.

Tribe, G., Tautz, J. Sternberg, K. & J. Cullinan (2017): Firewalls in bee nests – survival value of propolis walls of wild Cape honeybee (*Apis mellifera capensis*). Sci Nat 104:29, DOI 10.1007/s00114-017-1449-5.

# ZUM WEITERSCHMÖKERN

Quentin Kupfer, Fiona Kupfer: **#meetthebeefamily, Quentins Welt der Bienen.** Ulmer, 2023.

Ingo Arndt, Jürgen Tautz: **Honigbienen – geheimnisvolle Waldbewohner.** Knesebeck, 2020.

Andreas Heidinger: **Imkern mit der Bienenkugel.** Ulmer, 2020.

Wolfgang Ritter, Ute Schneider-Ritter: **Das Bienenjahr – Imkern nach den 10 Jahreszeiten der Natur.** Ulmer, 2020.

Torben Schiffer: **Evolution der Bienenhaltung.** Ulmer, 2020.

Thomas D. Seeley: **Das Leben wilder Bienen – wie Honigbienen in der Natur überleben.** Ulmer, 2021.

Manfred Schmitz: **Aufbruch in eine neue Bienenhaltung.** Ulmer, 2020.

Jürgen Tautz, Helga R. Heilmann: **Phänomen Honigbiene.** Spektrum Akademischer Verlag, 2007.

Jürgen Tautz, Diedrich Steen: **Die Honigfabrik**. Gütersloher Verlagshaus, 2017.

Jürgen Tautz: **Die Sprache der Bienen.** Knesebeck, 2021.

Éric Tourneret, Sylla de Saint Pierre, Jürgen Tautz: **Das Genie der Honigbienen.** Ulmer, 2018.

Éric Tourneret, Sylla de Saint Pierre: **Die Wege des Honigs.** Ulmer, 2022.

Undine Westphal: **Der Imkerkurs für Einsteiger – nachhaltige Bienenhaltung Schritt für Schritt.** Ulmer, 2021.

Undine Westphal: **Naturnah und alltagstauglich imkern – Bienen halten mit Herz und Verstand.** Ulmer, 2023.

# DER AUTOR

**Prof. Dr. Jürgen Tautz** ist Emeritus der Universität Würzburg. Als klassischer Zoologe hat er in Jahrzehnten über zahlreiche Tierarten publiziert. Vor allem für seine Sachbücher, viele davon erschienen in mehreren Sprachen, ist er vielfach ausgezeichnet für vorbildliche Vermittlung von Wissen in eine breite Öffentlichkeit.

# DANK

Regina Franke danke ich für ein gründliches und sehr konstruktives Lektorat, dem es zu verdanken ist, dass aus einer langen Reihe von Kolumnen, die über viele Jahre hinweg entstanden sind, ein schlüssiges Buchprojekt geworden ist. Dem Verlags-Team bei Ulmer, insbesondere Antje Munk, Gabi Franz und Antje Warnecke, für die hochprofessionelle Umsetzung dieses Buchprojekts.

Michel Collette danke ich für die Erlaubnis, für dieses Buch auf seine umfangreiche Fotosammlung zurückgreifen zu dürfen.

Den Schwartauer Werken und insbesondere Herrn Dr. Sebastian Portius danke ich für die jahrelange vertrauensvolle Zusammenarbeit im Rahmen der bee careful-Initiative, in deren Zusammenhang auch die hier zusammengefassten Kolumnen entstanden sind.

# REGISTER

## M



## N



## P



## R



## S



## T



## U



## V



## W



## Z

## BILDQUELLEN

Das Titelfoto stammt von Frank Rumpenhorst / picture-alliance.

Ingo Arndt: S. 21, 34, 75
azur13/Shutterstock.com: S. 107
banu sevim/Shutterstock.com: S. 58
Bekir Vahit Telli/Shutterstock.com: S. 55
bettapoggi/Shutterstock.com: S. 44/45
Michel Collette: S. 25, 38/39, 53, 60, 98/99
Mircea Costina/Shutterstock.com: S. 110/111
Stefan Diller: S. 27, 41
Helga R. Heilmann: S. 114
Huber, F.: Nouvelles observations sur les abeilles, Paris: Debray, 1796. Neue Beobachtungen an den Bienen. Deutsch von G. Kleine. Einbeck: Ehlers, 1856: S. 116
Ihor Hvozdetskyi / Shutterstock.com: S. 89
Jürgen Isendyck: S. 49, 50
Marco Kleinhenz: S. 16, 46
kosolovskyy/Shutterstock.com: 112/113
Lehrer/Shutterstock.com: S. 18
Olli Loukola: S. 14
Dave Massey/Shutterstock.com: S. 123/129
macondofotografcisi/Shutterstock.com: Buchumschlag Rückseite
mauritius images: S. 2, 7, 8/9, 28, 31 (Wiese), 70, 73, 80, 91, 96, 127
Rosemarie Müller-Tautz: S. 36
Alice Natter: S. 137
P.cj/Shutterstock.com: S. 69
Mario Pahl: S. 11, 22
PHOTO FUN/Shutterstock.com: S. 84
Sammlung Karl August Forster: Die Biene. Graphische Blätter aus fünf Jahrhunderten. Küsnacht-Zürich: Selbstverl., 1975: S. 115
SanderMeertinsPhotography/Shutterstock.com: S. 76
Christoph Schneider: S. 64
Elke Schwarzer: S. 103
StockMediaSeller/Shutterstock.com: S. 87
Jürgen Tautz: S. 67, 79, 94
Jürgen Tautz / Michael Rostas: S. 101
Wirestock Creators/Shutterstock.com: S. 119
Thavon Phumijan/Shutterstock.com: S. 122/123
Universität Würzburg: S. 16, 63, 66, 94, 101, 114

Die Abbildungen auf den Seiten 23, 31, 65 fertigte Helmuth Flubacher nach Vorlagen der Universität Würzburg.
Die Grafiken auf den Seiten 92 und 93 stammen von Helmuth Flubacher, verändert nach Seeley, T. D., & J. Tautz: Worker piping in honey bee swarms and its role in preparing for liftoff. J. Comp. Physiol. A 187, 667–676, 2001.
Die Schmuckgrafik Biene stammt von Antje Warnecke.

Filme und Soundfiles/QR-Codes
S. 10 © Willi Ribi
S. 56 © Stefan Diller
S. 67 © Jürgen Tautz
S. 78 © Barrett Klein
S. 93 © Jürgen Tautz

# IMPRESSUM

**Anmerkung zur Schreibweise (Gendering)**

Gendergerechtigkeit und Inklusion sind bei uns gelebte Praxis – bei der Auswahl unserer Themen, bei der Recherchearbeit, in der Gestaltung. Unsere Texte meinen alle. Damit unsere Inhalte jedoch gut lesbar bleiben, verzichten wir in diesem Werk auf die jeweilige Mehrfachnennung oder Anpassung der Schreibweise bestimmter Bezeichnungen an die weibliche, männliche oder diverse Form.

Die in diesem Buch enthaltenen Empfehlungen und Angaben sind vom Autor mit größter Sorgfalt zusammengestellt und geprüft worden. Eine Garantie für die Richtigkeit der Angaben kann aber nicht gegeben werden. Autor und Verlag übernehmen keine Haftung für Schäden und Unfälle. Bitte setzen Sie bei der Anwendung der in diesem Buch enthaltenen Empfehlungen Ihr persönliches Urteilsvermögen ein.

Der Verlag Eugen Ulmer ist nicht verantwortlich für die Inhalte der im Buch genannten Websites.

**Bibliografische Information der Deutschen Nationalbibliothek**

Die Deutsche Nationalbibliothek verzeichnet diese Publikation in der Deutschen Nationalbibliografie; detaillierte bibliografische Daten sind im Internet über http://dnb.d-nb.de abrufbar.


Wollgrasweg 41, 70599 Stuttgart (Hohenheim)
E-Mail: info@ulmer.de
Internet: www.ulmer-verlag.de

Projektleitung: Antje Munk
Lektorat: Regina Franke
Herstellung: Isabell Scherrieble
Umschlag-Gestaltung, Layout und Satz: Antje Warnecke, nordendesign.de
Reproduktion: time:ray, Jettingen
Druck und Bindung: Pustet, Regensburg
Printed in Germany

**ISBN 978-3-8186-2083-7**

MIX
Papier | Fördert gute Waldnutzung
FSC® C014889

# BEE CAREFUL – EINE INITIATIVE ZUM SCHUTZ VON BIENEN, BESTÄUBERN UND BIODIVERSITÄT!

## AM ANFANG STEHEN DIE BIENEN

Als Lebensmittelhersteller tragen wir eine besondere Verantwortung: nicht nur den Verbraucherinnen und Verbrauchern, sondern auch der Natur und den Lebewesen gegenüber. Die Welternährung hängt zu einem großen Teil von Bienen und anderen Bestäubern ab – sie sind unverzichtbar für unsere Ökosysteme und einen reich gedeckten Tisch.

## BEE CAREFUL - SEIT 10 JAHREN FLEISSIG

Seit 2014 setzen wir uns als Schwartauer Werke aktiv für Bienengesundheit und Fruchtvielfalt ein. Wir wollen das Gute der Natur in unseren Produkten bewahren und gleichzeitig die Biodiversität in unserer gesamten Wertschöpfungskette fördern. Mit Aufklärungskampagnen sensibilisieren wir die Öffentlichkeit für die Bedeutung der Bestäuber. Außerdem haben wir bedeutende Forschungsprojekte und zahlreiche Bildungs- sowie Pflanzinitiativen unterstützt. Mit Professor Jürgen Tautz haben wir einen Partner an unserer Seite, der durch sein reiches Wissen und den wachen Forschergeist einen wesentlichen Teil zum Erfolg der Initiative beiträgt.

Schwartauer Werke und bee careful – Ohne Bienen keine Früchte, ohne Früchte keine Konfitüre

bee careful.

SCHWARTAU

Pflanzung von 2.500 Obstbäumen mit dem NABU Schleswig-Holstein

## FÜR EINE BLÜHENDE ZUKUNFT UNSERER BESTÄUBER

Jede Spezies, egal wie klein oder groß, spielt eine entscheidende Rolle für all das Gute, was die Natur uns schenkt. Wir lenken den Fokus von bee careful daher zukünftig auf biodiversitätsfreundliche Landwirtschaft auf unseren Partnerhöfen und deren Umfeld. So konzentrieren wir uns noch stärker auf den Erhalt von Lebensräumen und die Förderung von Boden- und Bestäubergesundheit.

## UNSER WEG ZU EINER BIODIVERSITÄTSFREUNDLICHEN LANDWIRTSCHAFT

Eine Konfitüre ohne Früchte oder ein Müsliriegel ohne Hafer? Undenkbar. Bienen und andere Insekten sorgen allein bei Erdbeeren durch ihre Bestäubung für einen erheblich höheren Ertrag und tragen damit offensichtlich zu einer genussreichen Ernährung bei. In unserem Förderprogramm unterstützen wir unsere Partnerinnen und Partner in der Landwirtschaft sowohl finanziell als auch mit Sachmitteln und Knowhow, die die Biodiversität direkt auf ihren Felder erhöhen. Darüber hinaus beteiligen wir uns an diversen Branchendialogen, um Möglichkeiten zum Schutz der Biodiversität zu teilen und selbst Inspirationen zu sammeln.

Forschungsstation auf unserem Firmengelände (2014–2021)

Lernpavillon im LandPark Lauenbrück

Über 100 Nisthilfen für unsere Partnerhöfe